【美】马丁·加德纳◎著

封宗信◎译

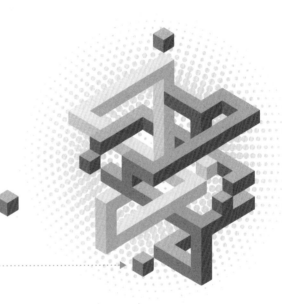

Magic Squares
& Origami

Mathematical Puzzles & Diversions

幻方
与折纸艺术

上海科技教育出版社

图书在版编目(CIP)数据

幻方与折纸艺术/(美)马丁·加德纳著;封宗信译.
—上海:上海科技教育出版社,2020.7(2024.7重印)
(马丁·加德纳数学游戏全集)
书名原文:The Second Scientific American Book
of Mathematical Puzzles & Diversions
ISBN 978-7-5428-7243-2

Ⅰ.①幻…　Ⅱ.①马…　②封…　Ⅲ.①数学—
普及读物　Ⅳ.①O1-49

中国版本图书馆CIP数据核字(2020)第055553号

目　录

中译本前言

本书原名为 *The Second Scientific American Book of Mathematical Puzzles and Games*，是马丁·加德纳在《科学美国人》杂志上发表的"数学游戏"专栏文章的第二本集子。作者引用大量翔实的资料，将知识性和趣味性融为一体，大多以娱乐和游戏为线索，以严密的科学思维和推理为基础，引导、启迪读者去思考和重新思考。作者对传统数学中那些似乎高深莫测的难题给予了简单得令人难以置信的解答，对魔术戏法进行了深入浅出的分析，对赌场上的鬼把戏做了科学的剖析和透视……既有娱乐功能，又有教育功能。

本书的出版可谓好事多磨。十多年前我在北京大学，与潘涛兄同住现已不复存在的39楼。潘兄师从何祚庥教授，研读的外文书大都是有关伪科学(pseudo-science)和灵学(parapsychology)的。隔行如隔山，茶余饭后阅读《中华读书报》是我们唯一的共同兴趣，很快几年时间就过去了。北大百年校庆后不久，潘博士决定去上海科技教育出版社发展。我这才想起该社曾出版过马丁·加德纳的书。潘兄显然没料到英语语言文学系会有人知道这位数学大师。当我把自己曾翻译过加德纳的趣味数学以及好几家出版社因无法解决版权问题而一直搁浅的故事讲给他，并从我书架底层尘封的文件袋里翻出手稿时，我们两人都"相见恨晚"。

本书稿的"起死回生"，偶然中有必然。后来，潘博士从上海科技教育出版社版权部来电说，版权问题需要等机会。我也渐渐把书稿一事放到了脑后，一心忙自己的正业——"毁"人不倦。直到前些时候潘博士电告，版权终于解决。虽属意料之中，但仍不由得感到惊喜。

再看十多年前为中译本写的《译者前言》，深感"此一时，彼一时"。虽说在汗牛充栋的趣味数学读物中，马丁·加德纳渊博的学识、独到的见解、传奇般的经历、惊人的洞察力和独树一帜的讲解与叙事风格值得大力推介，但在已出版了"加德纳趣味数学系列"的上海科技教育出版社出版该书，则无需再介绍这位趣味数学大师了。因此，原来那份为之感到有些得意的《译者前言》只好自动进入垃圾箱。

本书稿能最终面世，我要衷心感谢潘涛博士和上海科技教育出版社。这也算是继我和同事合作翻译《美国在线》之后我与上海科技教育出版社的又一次合作。特别要感谢本书责任编辑卢源先生为此付出的辛劳。

由于译者知识水平有限，译文中谬误之处在所难免，请广大读者不吝指正。

封宗信

2007年夏 清华园

序言

自从1959年第一本"《科学美国人》趣味数学集锦"出版以来，大家对趣味数学的兴趣越来越强烈。很多趣题方面的新书陆续出版，老的趣题书也纷纷得到重印，趣味数学玩具上了货架，一种新的拓扑游戏吸引了全国青少年，在爱达荷福尔斯做研究工作的化学家马达奇(Joseph Madachy)创办了一份优秀的小型杂志《趣味数学》(*Recreational Mathematics*)。连那些象征聪明才智的象棋棋子也从各处冒了出来。它们不仅出现在电视宣传和杂志广告上，也出现于霍罗维茨[1]在《星期六评论》杂志(*The Saturday Review*)上那轻松活泼的"象棋角"专栏中，甚至连《有枪走天涯》(*Have gun, will travel*)[2]主角帕拉丁的手枪皮套和名片上也都是"马"的形象。

这股令人欣慰的风潮并不局限于美国。卢卡(Edouard Lucas)撰写的四卷本法文名著《趣味数学》(*Récréations Mathématiques*)在法国以平装本再版发行。格拉斯哥的数学家奥

---

[1] 霍罗维茨(Al Horowitz, 1907—1973)，犹太裔美国人，国际象棋大师。热心于国际象棋的普及。——译者注

[2] 20世纪60年代美国电视剧，主角帕拉丁(Paladin)是职业枪手，名片上印骑士图案(即国际象棋中的"马")，上书Have gun, will travel(有枪走天涯)。——译者注

贝恩（Thomas H. O'Beirne）为一家英国科学杂志撰写了一个出色的趣题专栏。在苏联，由数学教师科登斯基（Boris Kordemski）收集整理的一本漂亮的趣题集共有575页，以俄语及乌克兰语两种版本发售。当然，这些都只是席卷全球的数学热的一部分，它们反过来又反映了面对如今这原子、宇宙飞船与计算机的三合一时代的惊人需求，我们需要越来越多的熟练数学家。

计算机不是要取代数学家，而是在培养他们。计算机也许在20秒之内就能解出一道棘手的数学问题，但要设计出相关的程序，可能需要一群数学家工作好几个月。而且，科学研究正越来越依赖于数学家在理论上取得重大的突破。不要忘了，相对论的革命就是由一位完全没有实验经验的人掀起来的。目前，原子科学家正被30来种不同基本粒子的古怪性质搞得头昏脑涨。它们正如奥本海默[1]描述的，是"一大堆奇怪的无维数，没有一个是可以理解或可以推导出来的，看起来全都缺少实际意义"。有那么一天，一位富有创造力的数学家，或独自一人坐着在纸上潦草地书写，或刮着胡子，或正举家外出野餐，忽然间就灵光一闪，这些粒子就会旋转着跑到自己应该在的位置上，一层层地展现出具有固定法则的美妙图案。至少，这是粒子物理学家**希望**发生的事情。这位伟大的解谜者当然需要利用实验数据，但很可能像爱因斯坦一样，他首先得是个数学家。

数学不只是物理学的敲门砖。在生物学、心理学和社会科学领域也涌入了装备着奇异的新统计技巧的数学家们，他们用这些技巧设计实验、分析数据，并预测可能发生的结果。如果美国总统要三位经济学顾问研究一个很重要的问题，他们会拿出四种不同的意见。这种情形或许仍然没有多大改变。但是在未来某一天，经济学上的意见分歧可以用某种不易受惯常

① 奥本海默（J. Robert Oppenheimer，1904—1967），美国物理学家。1943—1945年任"曼哈顿计划"实验室主任，在那里制成第一批原子弹。——译者注

的乏味争论影响的数学方法来解决。这种想法已经不再是无稽之谈了。在现代经济学理论的冷光中,社会主义与资本主义之间的冲突会像克斯特勒[1]所描述的那样,很快变得既幼稚又毫无结果,恰如在小人国[2]里,两派人马为了打破蛋壳的两种不同方法展开混战。(我这里所指的只是经济上的争论,民主与极权主义之间的冲突则与数学无关。)

不过上面谈的那些事情太严肃了,而本书只是一本娱乐性的书而已。如果说它确实有什么意图,那就是要引发大众对数学的兴趣。如果只是为了帮助外行人了解科学家在忙些什么的话,这种激励无疑是必要的。科学家们要忙许多事情呢。

本书的各章内容都首次发表在《科学美国人》杂志里,在此我要对杂志的发行人、编辑与全体工作人员再次表达谢意。我也要感谢我妻子在很多方面给予的帮助。另外要感谢许许多多的读者,他们一直在指正我的错误,并提供新的材料。我还要感谢Simon and Schuster出版公司的伯恩小姐(Nina Bourne)在我准备本书手稿期间给予的专业帮助。

马丁·加德纳

---

① 克斯特勒(Arthur Koestler, 1905—1983),匈牙利哲学家及小说家。——译者注
② 英国作家斯威夫特的名著《格列佛游记》中的假想国。——译者注

第 *1* 章
趣味逻辑

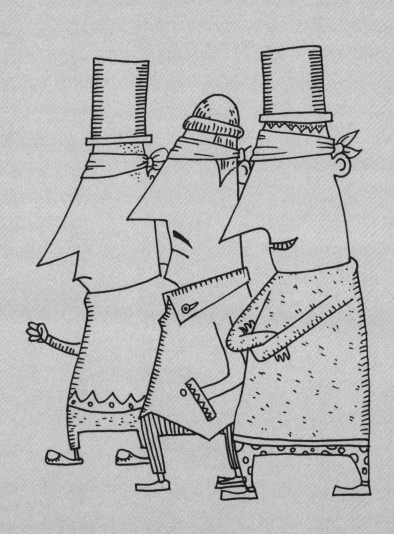

"**我**已经告诉你多少遍了,把不可能的排除掉后,剩下的就是再不可能,那也是真理?"

——福尔摩斯①,《四签名》(*The Sign of Four*)

　　那种只需演绎推理,稍需或不需数值计算的智力题通常被称为逻辑题。从数学的角度来看,此类逻辑问题或许被认为是常见的基础数学,然而,把这种推理题与为数众多的其他数字题区分开来还是很容易的。下面我们来看三种常见的趣味逻辑题,并探讨怎样解决它们。

　　最常见的类型是通常被出题者称作"史密斯–琼斯–鲁宾逊"的题目,它源于由英国趣题专家亨利·杜德尼设计的一个早期智力游戏(参见他的《趣题与妙题》(*Puzzles and Curious Problems*)中第49题)。题目由一系列前提组成,通常是关于个人的,最后要求从中进行某种推理。一道最近的美国式杜德尼推理题是这样的:

　　1. 史密斯、琼斯和鲁宾逊三人同乘一列火车,他们的职业分别是工程师、司闸员和消防员,但不一定是按上面的顺序。火车上还有三位乘客分

---

　　① 福尔摩斯(Sherlock Holmes),英国作家柯南道尔(Arthur Conan Doyle,1859—1930)笔下的名侦探。——译者注

别与他们三人同姓,为了以示区别,在这些乘客的姓后加上"先生"。

2. 鲁宾逊先生居住在洛杉矶。

3. 司闸员住在奥马哈。

4. 琼斯先生早把高中学的代数忘得一干二净。

5. 与司闸员同姓的乘客住在芝加哥。

6. 司闸员和另三位乘客中的一位出类拔萃的数学物理学家在同一个教堂做礼拜。

7. 史密斯在台球比赛中击败了消防员。

谁是工程师?

先把这道题转变成具有象征意义的标记,再用适当的技巧来解是完全可能的,但这样做会画蛇添足,引起不必要的麻烦。另一方面,没有一定的标记辅助,又很难抓住题目的逻辑结构。最简便的方法是,为每一个集合中所有可能出现的配对元素设计一个空格方阵。这道题中有两个集合,因而需设计两个这样的方阵(见图1.1)。

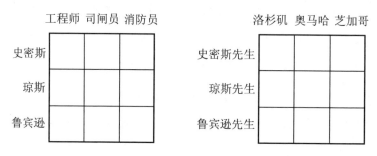

图1.1 "史密斯-琼斯-鲁宾逊"问题的两个方阵

在空格中填"1"表示该组合是合理的有根据的,填"0"则表示该组合不符合前提,得排除掉。下面看具体做法。前提7明显地排除了史密斯是消防员的可能性,因而我们在左边方阵右上角的空格里填上"0"。前提2告诉我们鲁宾逊先生居住在洛杉矶,所以在右边方阵左下角的空格里填上"1"。接下来在那一行及那一列的剩余空格里都填上"0",以表示鲁宾逊先生既不住在奥马哈也不住在芝加哥,而史密斯先生与琼斯先生都不住在洛杉矶。

下一步需要稍微动动脑筋。前提3和6告诉我们,物理学家住在奥马哈,可他是谁呢? 此人不可能是鲁宾逊先生,也不可能是琼斯先生(他已经忘光了所学的代数),那么必然就是史密斯先生了。这一推理的具体表示是在右边方阵第一行中间的空格里填上"1",在那一行及那一列的剩余空格里都填上"0"。现在,方阵中只有一个空格可填第三个"1",显然琼斯先生住在芝加哥。现在从前提5中我们可推出司闸员就是琼斯,所以就在左边方阵的中心空格里填上"1",在那一行及那一列的剩余空格里都填上"0"。到这一步,方阵的样子如图1.2所示。

	工程师	司闸员	消防员
史密斯		0	0
琼斯	0	1	0
鲁宾逊		0	

	洛杉矶	奥马哈	芝加哥
史密斯先生	0	1	0
琼斯先生	0	0	1
鲁宾逊先生	1	0	0

图1.2　正在使用的方阵

余下的推理显而易见。在消防员那一列里,只有底部的空格可填"1",自然左下方的空格就只能填"0"了。眼下只有左上角那唯一的空格里可填入最后的"1",表示史密斯是工程师。

卡罗尔(Lewis　Carroll)热衷于虚构离奇古怪而又极端复杂的这类题目。在他编著的《符号逻辑》(*Symbolic Logic*)一书的附录中,就有8道这种

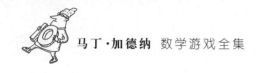

类型的题目。一道非常棘手的卡罗尔难题(此题涉及13个变量和12项前提,要求从中推出没有一个地方法官吸鼻烟的结论)曾被达特默斯学院数学系主任凯梅尼(John G. Kemeny)输进一台IBM 704型电子计算机。尽管打印一份完整的"真值表"(一个方阵,显示各变量的所有可能组合是否正确,用"真"或"假"来表示)得花13个小时,但计算机解题只用了大约4分钟!

那些对稍难一些的"史密斯–琼斯–鲁宾逊"题目跃跃欲试,想碰碰运气的读者们注意了,普林斯顿大学数学系的斯马尔扬(Raymond Smullyan)为你们编设了一道新题:

1. 1918年第一次世界大战休战书签订的那一天,三对夫妻共进晚餐庆祝胜利。

2. 每一位丈夫是三位妻子中某一位的兄弟,每一位妻子又是三位丈夫中某一位的姐妹,也就是说餐桌边有三对兄弟姐妹。

3. 海伦比丈夫大整整26个星期,其丈夫出生于8月。

4. 怀特先生的姐妹嫁给了海伦的兄弟的小舅子。她(怀特先生的姐妹)是在1月份生日那天出嫁的。

5. 玛格丽特·怀特的个子与威廉·布莱克不一样高。

6. 阿瑟的姐妹比比阿特丽斯长得秀气。

7. 约翰现年50周岁。

布朗太太姓什么?

另一类为大家所熟知的逻辑题是以"彩色帽子"这个流传久远的例子得名的问题。甲、乙、丙三人全被蒙上眼睛,接着告诉他们每人头上会戴上一顶红帽子或绿帽子。戴上帽子后,去掉蒙眼布。对三人宣布:看到红帽子者,请举手;一旦知道自己头上帽子的颜色,请速离开此屋。三顶帽子碰巧全是红色的,所以三人都举起了手。几分钟后,比甲、乙机敏的丙离开了屋子。他是怎样推断出自己帽子颜色的呢?

丙的心里想:我头上的帽子会是绿色的吗? 如果是,甲马上就会知道自己的帽子是红色的,因为只有这样才能让乙举手,于是甲就会离开屋子。乙也会因同样的缘故知道自己帽子的颜色而离开屋子。既然甲、乙两位都没有离开屋子,丙就推断,自己的帽子肯定是红色的。

正如伽莫夫(George Gamow)和斯特恩(Marvin Stern)在他们合著的妙趣横生的小册子《数学趣题》(*Puzzle Math*)里指出的那样,这道逻辑题可以推广到任意多个全戴红帽子的人。假如增加一位比丙更机敏的丁,他就会这样推理:如果我的帽子是绿色的,那么甲、乙和丙的处境就会和刚才描述的一模一样,几分钟过后,三人中最聪明的一个肯定会离开屋子。但是,如果五分钟过后还没有人走,丁就会断定自己的帽子是红色的。如果再增加一位比丁更善于动脑子的人,他会在一段时间(如十分钟)过后推断出自己的帽子是红色的。当然,整个推理过程会因不同智力程度的假定和时间间隔的模糊不清而被弱化。

还有一些不太模糊的"彩色帽子"推理题,下面列举的由斯马尔扬设计的题目就是一例。甲、乙、丙三人都知道他们全是"一流的逻辑学家",能从已知的成套前提中推出所有结论。准备好四张红邮票和四张绿邮票,蒙上三个人的眼睛,接着在每个人的额头上贴两张邮票,之后解去蒙眼布。依次问甲、乙、丙三人:"你知道自己额头上的邮票是什么颜色吗?"三人都答:"不知道。"再次逐个询问同样的问题。这回甲仍然答:"不知道",而乙的回答是:"知道。"乙额头上的邮票是什么颜色?

第三类流行的逻辑题是有关讲真话和讲假话的。下面是一个经典的例子。有一位探险家来到一个居住着两个部落的地方,其中一个部落的成

员惯于撒谎,另一个部落的成员素来诚实。探险家碰到了一高一矮两位当地人。"你讲真话吗?"探险家问高个子。"Goom",那人回答。"他说'是的',"矮个子用英语解释道,"可他从不讲真话。"两位当地人各属于哪个部落?

系统化的识别步骤是,先写下四种可能性——真真、真假、假真、假假,然后采用排除法,去掉与前提相矛盾的。如果你头脑清醒,能够想到无论高个子撒谎还是讲真话,都必须作"肯定"回答的话,那么很快就会得出结论:因为矮个子讲的是实情,所以是真话,他的同伙当然讲的是假话了。

此类题里最有名的一个(由于概率因素和语义上的模糊使之复杂化了)被英国天文学家爱丁顿爵士信手写进他编著的《科学新途径》(*New Pathways in Science*)一书的第六章中。"如果甲、乙、丙、丁每个人说真话的概率都是三分之一(各自独立),而甲肯定了乙对丙声称丁是撒谎者的否定,那么丁讲真话的概率是多少?"

爱丁顿的答案是 $\frac{25}{71}$ 。但这遭到了读者们的强烈反对,引起了一场既滑稽可笑又令人困惑的大论战,最后不了了之。英国天文学家丁格尔(Herbert Dingle)在 1935 年 3 月 23 日的《自然》(*Nature*)杂志上对爱丁顿的书发表评论,称此题毫无意义,是爱丁顿有关概率的混乱思维的表现,因此不必去理会它。美国物理学家斯特内(Theodore Sterne)在 1935 年 6 月 29 日的《自然》杂志上回应说,爱丁顿的题目并不是毫无意义的,只是缺乏足够的数据而已。

丁格尔在 1935 年 9 月 14 日的《自然》杂志上据理力争,说如果承认斯特内的方法,那么就会有足够的数据得出:概率正好是 $\frac{1}{3}$ 。不久,爱丁顿再度加入争论,在 1935 年 10 月的《数学学报》(*The Mathematical Gazette*)上发表了题为"论甲、乙、丙、丁问题"的论文,详细地解释了他是怎样得出 $\frac{25}{71}$ 这个答案的。最后,这场论战以同一刊物上登载的两篇文章(见1936年12月的《数学学报》)而告终,一篇文章站在爱丁顿一边,另一篇文章则持与以往任何人都不同的新观点。

问题主要在于怎样解释爱丁顿的阐述。如果乙的否定是真的,我们是否就能从丙的声称中推定丁讲的是真话呢?爱丁顿认为不能。同样,如果甲说的是假话,我们是否就能完全确定乙和丙所说的一切呢?还好,通过下面的假设,可以回避那些(爱丁顿未能回避的)语言表达方面的问题。

1. 四个人都说了话。

2. 甲、乙、丙各自要么肯定要么否定自己后面那个人所说的话。

3. 不真实的肯定可以看作否定,不真实的否定可以看作肯定。

各人的撒谎是随机的,通常每讲三句话要撒两次谎。如果用T代表每个人讲的真话,用L₁和L₂代表两句谎话,我们就可列出一张表格来显示四个人讲真话和说谎话的81种不同的组合,然后必须根据讲话的逻辑结构排除那些不可能出现的组合。以T结尾的可能组合(也就是以丁讲真话为结尾的组合)的数字除以所有可能组合的总数,其商就是我们要求的答案。

补　遗

在写探险家与两位部落成员那道推理题时,我本应该更精确地说明探险家认识到"Goom"是部落用语,其含义要么是"是",要么是"不是",但不清楚到底是哪一个。这样做可以预先阻止许多读者的来信指责。下面这封来自印第安纳波利斯的琼利斯(John A. Jonelis)的信就是其中一例:

先生们：

本人喜欢阅读有关逻辑推理智力题的文章……。我用你们出的那道讲真假话的难题考了考妻子。本意是想与妻共享其乐,同时不免也想乘机抖抖男子汉的威风。没想到不出两分钟,妻子给出了一个无懈可击的答案,可结论与你们刊登的完全相反。

妻子是这样推理的:那位高个子当地人显然对英语一窍不通,要不然他就会用英语回答"是"或者"不是"。因而他所回答的"Goom",大意应该是"我听不懂你的话"或"欢迎来到非洲羚羊的土地"。由此可见,那位矮个子声称其同伙说的是"是的"时,实际上自己在撒谎。而作为一个撒谎者,他说他的同伙"从不讲真话"当然也不是真的。故高个子是讲真话的人。

这位妇道人家的推理让我这位大丈夫威风扫地。这有没有挫伤你们的一点傲气呢?

答　案

　　第一道逻辑题最好列三个方阵来解:一是三位妻子的姓与名的方阵,二是三位丈夫的姓与名的方阵,三是同胞关系方阵。因为怀特夫人的名字是玛格丽特(前提5),所以其他两位妻子的姓名只有两种可能,即(1)海伦·布莱克和比阿特丽斯·布朗,或者(2)海伦·布朗和比阿特丽斯·布莱克。

　　我们不妨假定是第二种可能,那么怀特的姐妹肯定不是海伦就是比阿特丽斯。比阿特丽斯的可能性可以排除,因为如果是她的话,海伦的兄弟就会是布莱克,布莱克的小舅子就会是怀特,其姐(妹)夫就会是布朗,但是比阿特丽斯·布莱克并没有嫁给他们中间的任何一个,因此该推理与前提4相悖。由此可知怀特的姐妹一定是海伦。同样可以依次推出布朗的姐妹是比阿特丽斯,布莱克的姐妹是玛格丽特。

　　从前提6可以推出怀特先生的名字是阿瑟。(阿瑟·布朗的可能性可以排除,因为如果是那样的话,比阿特丽斯就会比她自己更漂亮。阿瑟·布莱克也可排除,因为从前提5中我们已经得知布莱克的名字是威廉。)因此,布朗的名字必定是约翰。不巧的是,前提7告诉我们约翰出生的1868年(比休战书签订早50年)是个闰年。这会使海伦比丈夫至少大26周零一天,比前提3中多一天。(前提4告诉我们海伦的生日在1月,前提3告诉我们其丈夫的生日在8月。那么，只有她的生日是1月31日，而且中间没有2月29日，她才能比生日是8月1日的丈夫正好大26周。）这就使我们排除了开头假定的两种选择中的第二种，只能推出三位妻子的姓名分别是：玛格丽特·怀特，海伦·布莱克和比阿特丽斯·布朗。此结论不会产生矛盾，因为我们不知道布莱克生于哪一年。从各个前提中我们可以推出玛格丽特是布朗的姐妹，比阿特丽斯是布莱克的姐妹，海伦是怀特的姐妹，但是怀特和布朗的名字则悬而未决。

在识别额头上的邮票颜色那道题中，乙有三种选择：（1）红-红，（2）绿-绿，（3）红-绿。先假定是红-红。

在三人第一次回答后，甲可以这样推理：我的邮票不可能是红-红（因为如果是红-红的话，丙会看到4张红邮票，继而马上推断出自己的邮票是绿-绿；而如果丙的邮票是绿-绿，乙会看到4张绿邮票，且也会由此推断出自己的邮票是红-红[1]）。所以我的邮票肯定是红-绿。

但第二次问甲时，甲仍回答不知道，这就使乙排除了自己的邮票是红-红的可能性。同样的理由也使乙排除了绿-绿的可能性，这样留给他的只能是第三种选择：红-绿。

许多读者很快指出，解此题有一个根本不用分析那些问与答的捷径。新泽西州萨米特市的麦克米伦（Brockway McMillan）是这样讲的：

---

[1] 分号后的半句推理是用来否定甲的邮票是绿-绿这一情况的。因为甲第一次回答不知道，所以丙的邮票不可能是红-红，因此有丙的邮票是绿-绿的假设。而否定了丙的邮票是绿-绿后，丙会由此推断出自己的邮票是红-绿，也不符合前提。——译者注

先生们：

该题关于红绿邮票的表述完全是对称的。所以三人额头上的符合前提条件的邮票分布在经过红-绿调换后,仍然会符合前提条件。由此推论,如果答案唯一的话,经过红-绿调换后答案仍然不变。这种唯一的答案就是:乙额头上的邮票是一红一绿。

布鲁克林某高中数学部主任曼海姆(Wallace Manheimer)指出:这条捷径并不是像题中陈述的那样以甲、乙、丙都是训练有素的逻辑学家为前提,而是从斯马尔扬自己是逻辑推理专家的事实出发的。

爱丁顿那道四人难题的答案是:丁讲真话的概率为$\frac{13}{41}$。有奇数句谎话(或真话)的所有组合被证明与爱丁顿的陈述相矛盾,这就从81种可能组合中排除了40种,余下41种中有13种以丁讲真话为结尾。因为其他三人中每一个讲真话的次数正好是有效组合的次数,所以四个人讲真话的概率相等。

使用等价符号"≡"(其含义是用此符号连起来的陈述要么都是真的,要么都是假的)和否定符号"~",我们就可用符号逻辑对爱丁顿问题进行命题演算:

$$A \equiv [B \equiv \sim(C \equiv \sim D)],$$

此式可化简为：

$$A \equiv [B \equiv (C \equiv D)]。$$

由此表达式得出的真值表会进一步证实前文分析的结果。

第 **2** 章
幻　方

传统的幻方是一组从1开始的整数序列所排列的方阵,其各行、各列及两条对角线上的数字之和相等。人们对这个看似微不足道的题目进行的分析可谓洋洋万言,1838年的一个事实就能说明这个情况。那时,人们对幻方的了解远不如今天,可是却出版了一部三卷本的法语专著。自古到今,人们对幻方的研究一直作为一种时尚而盛行,并且经常藏在隐蔽的装饰之下。其发起者中既有著名数学家(如凯莱[1]和维布伦[2]),也有从事其他工作的人(如富兰克林[3])。

幻方的"阶数"是指一条边上的方格数。不存在二阶幻方,三阶幻方也只有一种(不计旋转和镜射)。记住这种幻方的一个简便方法是这样的:先照图2.1左上的示意图按顺序写出数字,然后把每个角上的数字按箭头所示的方向移到中间那个数字的另一边,其结果就是右下示意图里的那个幻方,其各行、各列及主对角线上的数字之和都是常数15。(幻方的常数总是

---

① 凯莱(Arthur Cayley,1821—1895),英国数学家,主要研究代数。——译者注

② 维布伦(Oswald Veblen,1880—1960),美国数学家,主要研究射影几何和微分几何。——译者注

③ 富兰克林(Benjamin Franklin,1706—1790),美国政治家、哲学家、发明家,参与起草《独立宣言》。——译者注

等于n^3与n之和的一半,其中n是阶数。)这种幻方在中国被称为洛书,它在很长的一段历史时期被当作咒符。今天,远东地区和印度的人们佩戴的护身符上仍有这种东西。在许多大型客轮上,它被用作沙弧球游戏台板的装饰图案。

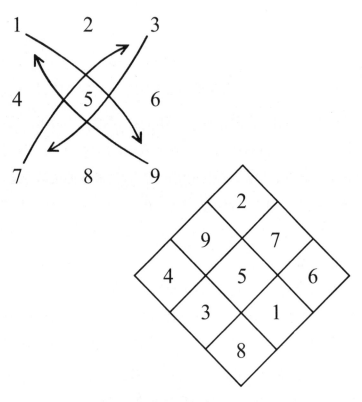

图2.1 如何构成洛书图案

幻方达到四阶后,其复杂度急剧增大。仍旧不计旋转和镜射,四阶幻方有整整880个不同品种。其中很多种所具有的魔力远远超出了幻方的定义要求。这中间有一个有趣的品种叫做对称幻方,出现在丢勒[①]著名的

① 丢勒(Albrecht Dürer,1471—1528),德国画家、雕刻家。——译者注

雕刻作品《忧郁》(*Melencolia*)里(见图2.2)。丢勒从未解释过这幅杰作丰富的象征意义,但许多权威人士认为,《忧郁》塑造了一位无法把思想付诸行动的人物的郁郁寡欢情绪。在文艺复兴时期,忧郁气质被视作富有创造力的天才人物的典型气质;可它实际上反映了"被审慎的思维盖上了一层

图2.2 丢勒的《忧郁》,其右上角有一个幻方

灰色"①的学者们的心理苦恼。(现在,我们仍然认为聪明的人们像哈姆雷特那样无法作出决择;杜鲁门②对斯蒂文森③的公开批评正是以此为根据的。)

在丢勒的画里,未用的科学工具和木工工具杂乱地摆放在那位头发凌乱、忧郁沉思的人物周围。天平盘里空空的,梯子上也没有人,酣睡的猎狗饥肠辘辘,饿了个半死,带翅膀的小天使在等着听写,而时间在上面那个沙漏里慢慢流逝。那个木球和被切得怪模怪样的石头四面体④让人联想到建筑艺术的数学基础。整个画面似乎沐浴在朦胧的月光中。高悬在那个类似彗星的东西上的月虹也许象征着阴郁情绪即将消失的希望之光。

桑蒂利亚纳⑤在他的《冒险时代》(*The Age of Adventure*)一书中是这样表述他对这幅奇怪画作的看法的:"在迄今为止只在梦想中出现的科学源泉的起始处,文艺复兴时期的思想在这里神秘地、令人不解地停顿了。"汤姆森⑥著名的悲观主义诗作《暗夜之城》(*The City of Dreadful Night*)是以对这幅画动人的十二诗节描写结尾的,从中可以看到"对古老绝望的证明"。

> 意识到每一次的努力只会导致失败,
>
> 因为命运女神并没有准备为成功加冕;
>
> 意识到所有的神谕不是无言就是欺骗,
>
> 因为没有什么秘密需要靠它们展现;

---

① 这句话取自莎士比亚戏剧《哈姆雷特》中王子的独白。——译者注

② 杜鲁门(Harry Truman,1884—1972),美国第33任总统。——译者注

③ 斯蒂文森(Adlai Stevenson,1900—1965),美国法官、外交官。——译者注

④ 原文如此,但那显然不是四面体。——译者注

⑤ 桑蒂利亚纳(Giorgio de Santillana,1902—1974),出生于意大利的美国科学哲学家和科学史家。——译者注

⑥ 汤姆森(James Thomson,1834—1882),英国诗人。——译者注

意识到无人能看透那无常的巨大黑幕，

因为根本没有亮光在幕布的那一边；

所有的一切尽皆虚幻，毫无价值可言。

　　四阶幻方被文艺复兴时期的占星家们与木星联系了起来，并被认为能对抗忧郁症（因为忧郁这个词来源于土星①）。这可以说明为什么这幅雕刻画的右上角有个幻方。该幻方被叫做对称幻方，因为每个数字与其中心对称的数字相加等于17。于是就存在很多例如四个角上的格子、中心的四个格子，以及每个角上的2×2的格子这样的四格组（行、列、主对角线除外），其数字相加之和等于四阶常数34。构造这样一个幻方，办法简单得有点滑稽。只要在方阵里按顺序填上1至16，然后把两条主对角线分别颠倒，就可得到一个对称性幻方。丢勒把这个幻方的中间两列对调（并不影响其特性），以使最下行中间的两个方格表示他创作这幅雕刻作品的年份。

　　图2.3上方的示意图是有据可查的最早的四阶幻方（发现于印度克杰拉霍的一个11或12世纪的碑文里）。这属于一种特殊类型，叫做"完全幻方"（也称泛对角幻方或纳西克幻方），它甚至比对称幻方更令人惊讶。除具有幻方的一般特性外，完全幻方在所有的"折对角线"上也具有数字相加之和为这个常数的特性。例如，方格2、12、15、5，以及方格2、3、15、14都是其折对角线，将两个完全相同的幻方并排放置在一起就可以把对角线复原。不论是把完全幻方最上面一行的方格移到最下面去或反之，还是把边上的某一列移到另一边，得到的仍然是一个完全幻方。如果把很多完全一样的完全幻方拼在一起组成马赛克，那么在这片区域里，任何4×4的方格组都是一个

---

　　① 古代占星家以农神萨杜恩（Saturn）命名土星，并认为生于土星宫的人性格内向，比一般人易患忧郁症。而木星是以主神朱庇特（Jupiter）命名的。萨杜恩后来被朱庇特废黜。——译者注

7	12	1	14
2	13	8	11
16	3	10	5
9	6	15	4

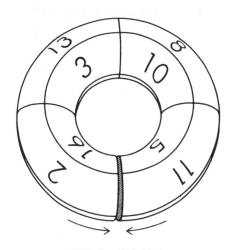

图 2.3 魔力轮胎

完全幻方,而且任何相邻四个方格,无论上下、左右还是对角线方向,其数字之和永远是该阶幻方的常数。

最富戏剧性的展示这种幻方魔力特性的办法,也许要数康奈尔大学两位数学家罗瑟(J. Barkley Rosser)和沃克(Robert J. Walker)发表于1938年的论文中所描述的那一种。先把一个完全幻方的顶和底接在一起构成一个圆柱体,然后将它拉伸、扭曲成轮胎状的圆纹曲面(见图2.3中、下)。所有的行、列及对角线现在都成了闭圈。如果我们从任意一个方格开始,沿对角线方向移动两格,总是会到达同一个方格上。这个方格就叫做开始时那个方格的"对极"。这个魔力轮胎上的每一对对极方格的数字相加等于17。每个四格的闭圈,不论直加还是斜加,和都是34,像任何一个幻方中的四格组一样。

完全幻方在以下五种变换的情况下仍为完全幻方:(1)旋转,(2)镜射,(3)最上面一行移到最下面或反之,(4)边上的某一列移到另一边,(5)按图2.4所示方案重新排列方格。把这五种变换结合起来就可以得出48个基本类型的完全幻方(如果算上旋转和镜射的话,就是384种)。罗瑟和沃克指出,这五种变换形式可以组成一种与超立方体(四维立方体)的变换群相同的一个"群"(一个具有某些特性的抽象结构)。

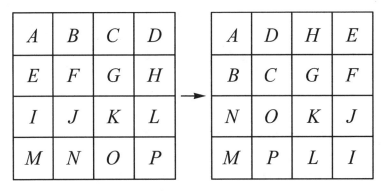

图2.4　并不破坏完全幻方魔力特性的五种变幻之一

把完全幻方的16个方格转换成超立方体的16个角,就能一下子看清它们之间的关联。这可以用大家所熟悉的超立方体平面投影(见图2.5)来表示。该超立方体24个面的每个面上四个角之和是34。相加之和为17的

1	8	13	12
14	11	2	7
4	5	16	9
15	10	3	6

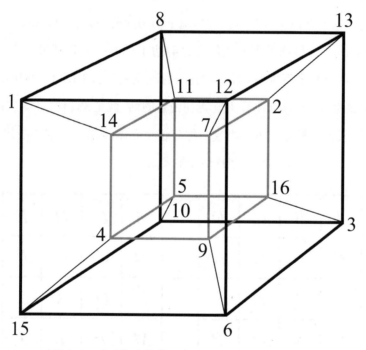

图2.5 完全超立方体和它的384种完全幻方之一

一双双对极,在超立方体的对角顶角上。通过旋转和镜射超立方体,能正好排出384种不同组合形状,每一种映射到平面上都可以对应384种完全幻方之一。

杰出的美国建筑师和神秘学者布拉格登(Claude Fayette Bragdon,卒

24

于1946年)被他自己的发现深深迷住,那就是大多数幻方中按数的顺序从一格到另一格画出的轨迹线是艺术魅力很强的图案。另一些图案可以通过只在奇数格或只在偶数格画线而得到。布拉格登采用以这种方法产生的"幻线"来设计纺织品图案、图书封面、建筑装饰,以及他的自传《丰富多彩的生活》(*More Lives Than One*)的各章装饰标题。他给纽约(他住在那里)的罗切斯特商会设计的天花板通风格栅图案就是从《洛书》的幻线演变来的。幻线的一个典型例子如图2.6所示,它是画在丢勒的幻方上面的。

趣味数学中一个未解的大难题是找出一个计算给定阶数的不同幻方种数的方法。目前,甚至连五阶幻方有多少种也不知道,不过估计其种数

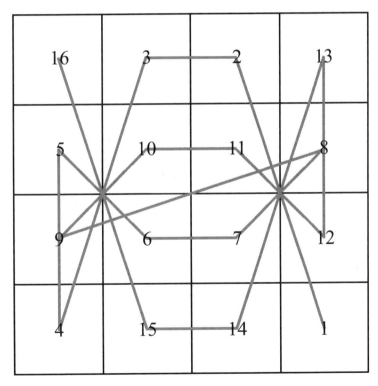

图2.6 丢勒幻方的"幻线"

25

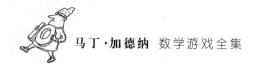

会超过13 000 000。然而,罗瑟和沃克确定了五阶完全幻方数,共有28 800种(包括旋转和镜射)。除了能被2整除却不能被4整除的数外,超过4的所有阶数的完全幻方都是可以得到的。(例如,没有一个六阶完全幻方。)完全幻立方体和完全超立方体也存在,但是据罗瑟和沃克未曾发表的论文讲,不存在3、5、7、$8k+2$、$8k+4$和$8k+6$(k为任意整数)阶完全幻立方体,而其他所有阶的完全幻立方体都是可以得到的。

第3章
詹姆斯·休·赖利演出公司

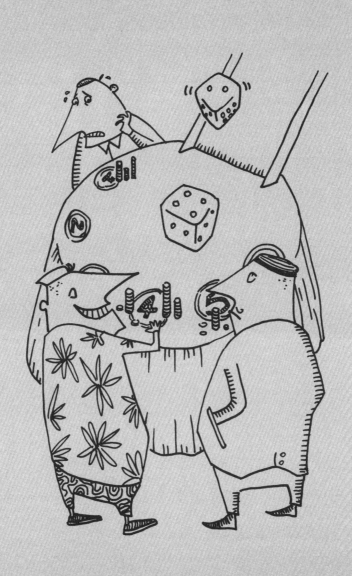

<big>詹</big>姆斯·休·赖利演出公司是美国最大的巡回游乐团之一,虽然它并不存在。当听说该团已在城郊开演时,我便驱车前去那里看望我的老朋友吉姆·赖利(Jim Riley),20多年前我们是芝加哥大学的同学。当时他在修数学研究生课程,可是某一年夏季他参加了一个巡回游乐团,在女子色相表演节目里担当讲解员。据游乐团成员说,在以后数年里,他一直乐于此道。那里的每个人都只叫他教授,而不知他姓甚名谁。不知什么原因,他对数学的热情没有减退,因而我们每次相会时,总能指望从他那里学到些不寻常的数学知识。

我找到教授时,他正在畸形动物展览前和收票员闲聊。他戴着一顶白色斯泰森毡帽,看起来要比我上次见到他时更老也更富态些。"每月都拜读你的专栏,"我们握手时他说道。"想没想过写一写小圆盖大圆游戏?"

"说什么来着?"我问道。

"它是这里最古老的游戏之一。"他抓着我的胳膊,推着我在游艺场里走,直到走到了一个展位前。那里有个柜台,上面涂着一个直径为1码①的红色大圆点。游戏目标是要把五个金属圆盘一次一个地放在圆点上,最后

---

① 1码=36英寸。——译者注

完全盖严它。每个圆盘的直径都是大约22英寸,一旦把圆盘放下,就不能再挪动。如果把第五个放下后,还没有把红点全部盖住,哪怕只露出一丁点儿,也要算输。

"当然,"教授说,"我们采用的圆点是圆盘能盖住的最大的一个。多数人认为应该这样来放。"他把圆盘对称地摆放起来,如图3.1所示。每个圆盘的边都碰到圆点的中心,五个圆盘的中心构成了正五边形的角。圆点边缘有五个小小的红色区域还露在外面。

图3.1 小圆盖大圆游戏里放置圆盘的错误方法

"遗憾的是,"赖利接着说,"这样并不行。要盖住一个最大的圆,圆盘应这样摆放。"他用指头推动圆盘,直到出现图3.2所示的形状。他解释道,1号圆盘的中心应放在直径 AD 上,其圆周与直径交于 C 点,这个点稍低于红圆点的圆心 B。3号和4号圆盘的圆周应经过 C 点和 D 点。2号和5号圆盘如图所示把剩余的部分盖住。

自然而然我想知道 BC 的长度是多少。赖利记不起准确的数字,可他后来寄给我一篇内维尔(Eric H. Neville)写的参考文章:"论数值函数方程

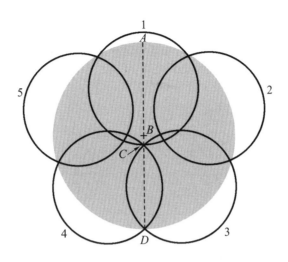

图3.2　小圆盖大圆游戏里放置圆盘的正确方法

的解法——对一个流行游戏及其解答所做的说明"(《伦敦数学学会公报》)
(*Proceedings of the London Mathematical Society*)第二辑，第14卷，第
308—326页；1915年)，其中有这道难题的详细解答。如果圆点的半径是
1，那么 *BC* 的长度是0.0285略大一点，圆盘的最小可能半径为0.609+。如
果圆盘按图3.1摆放，其半径就必须是0.618 033 9+，才能把圆点完全盖
住。(这个数字是第8章讨论的黄金分割比 φ 的倒数。)此题的一个奇怪的特
点是：两种不同的圆盘摆放方法所盖住的面积差异十分小。除非圆点的直
径大到约1码，要不然其差别难以觉察。

　　我说："这使我想起一个仍未解开的有趣问题——一个最小面积问
题。把一块区域的直径定义为联结区域上任意两点的最长线段。那么请
问：能盖住单位直径的任何区域的最小平面图形状是什么？面积多大？"

　　教授点了点头说："符合这个条件的最小正多边形是边长为 $\frac{1}{\sqrt{3}}$ 的正六
边形。不过大约30年前有人对此作了改进，把两个角切掉了。"他从上衣口袋里掏出一支铅笔和一个拍纸簿画出了这个图形(复制在图3.3里)。这两个角是沿着(直径为一个单位的)内接圆的切线切掉的,并且切线垂直于圆心与角的连线。

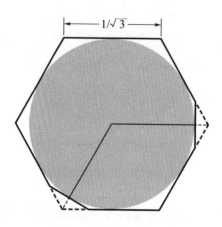

图3.3 能盖住任何"直径"为1的区域的截去两个角的六边形

"这是迄今为止的最佳解答吗?"我问道。

赖利摇头说:"我听说几年前伊利诺斯大学的某个人又去掉了一小块,但详细情况就不知道了。"

我们在游艺场里信步走着,来到了另一个展位前。那里有三颗硕大的骰子从一个波纹斜面上滚落到下面的平面。柜台上标着从1至6的巨大白色数字,参与的人愿意在哪个数字上押多少钱都行。骰子滚落以后,如果他押钱的数字出现在一颗骰子上,他就可以拿回赌注再加上与赌注同样多的钱。如果这个数字出现在两颗骰子上,他不但拿回赌注,还可另得两倍赌注的钱。如果三颗骰子上都是这个数字,他拿回赌注外,还可另得三倍赌注的钱。当然如果赌的数字不出现,赌注就输掉了。

"这个游戏怎么赚钱呢?"我问道。"一颗骰子出现某个数字的概率是 $\frac{1}{6}$,

那么三颗骰子最少出现一次这个数的概率是 $\frac{3}{6}$，即 $\frac{1}{2}$。如果他赌的数字出现在不止一颗骰子上，他赢的倒比他押的钱还多。在我看来这个规则有利于参与者。"

教授听罢轻声笑起来。"我们就是要那帮糊涂蛋(mark，游乐团俚语，指容易受骗的人)这么算。你再想想看。"我后来认真考虑这个问题时，大吃一惊。也许有些读者愿意算算，从长远来看，他们每押一元钱，能期望得到多少。

我离开那里之前，赖利带我去了一个他称之为"特色小吃摊"的地方吃点东西。咖啡很快上来了，可我想等三明治上来后再用。

"你要想让咖啡保持烫烫的，"教授说，"最好现在就把奶油倒进去。咖啡越烫，热量损失的速度越快。"

我顺从地把奶油倒进咖啡里。

教授的从正中间一切为二的火腿三明治上来后，他盯着它看了一会儿说："你是否碰巧看到过图基和斯通写的那篇推广的火腿三明治定理的论文？"

"你指的是共同发现那些变脸折纸的图基和斯通吗？"

"正是。"

我摇头说道："我对此一点情况也不了解。"

赖利又拿出他的拍纸簿，在上面画了一条线段。"任何一维图形可以用一个点等分，对吗？"我点了点头。这时他又画了两个不规则闭曲线和一条切割这两个图形的直线(见图3.4)。"平面上的任何一对区域都能用一条直线等分，是吗？"

"我相信你的话。"

"证明起来并不难。在库兰特(Richard Courant)与罗宾斯(Herbert

33

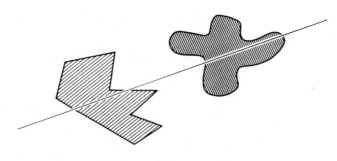

图3.4 二维的"三明治定理"

Robbins)合著的《数学是什么》(*What Is Mathematics*)一书中就有一个基本证明。它利用了波尔查诺定理。"

"噢,是的,"我说。"如果一个关于x的连续函数既有正值也有负值,那么它至少有一个零值。"

"不错。它看起来微不足道,可是在各种各样的存在性证明中,它是威力极大的一种工具。当然这种证明并没有告诉我们怎样来画这条线。它只证明存在这条线。"

"那么火腿三明治是怎么回事?"

"当我们进入三维空间时,处于任何位置的任意三个立体,无论其形状和大小有多么古怪,其体积总是能被一个平面同时准确地二等分,就像把两片面包夹着一片火腿一起二等分一样。斯通和图基把这个定理推广到了所有维数的空间中。他们证明,总会存在一个超平面,可以把四维空间中任何位置的四个四维立体二等分,或把五维空间中任何位置的五个五维立体二等分,依次类推。"

教授端起杯子一饮而尽,然后指着柜台那边的一堆炸面饼圈说道:"说起切割立体,你可以向你的读者提出这个怪问题。一个炸面饼圈同时被三个平面切过,最多能得到多少块? 这个问题是我自己想出来的。"

在旋转木马走音的汽笛风琴声中，我闭上眼睛想象着结果，但直到最后脑子发麻也未能想出眉目，就把问题搁下了。

补　遗

在美国，三颗骰子的游戏通常被称为"碰运气"(Chuck-a-luck)或"掷骰笼"(Bird Cage)。它是卡西诺赌场中一种流行的骰子游戏，在那里骰子是滚到一个被叫做"运气笼"的金属丝笼子中的。有时会用电磁石对骰子做手脚(参见斯卡内(John Scarne)和罗森(Clayton Rawson)著，1945年Military Service出版公司出版的《斯卡内谈骰子》(*Scarne on Dice*)一书第333—335页)。在莫罗尼(M. J. Moroney)的《数字趣谈》(*Facts from Figures*，企鹅出版公司平装本)第7章中也有关于这个游戏的讨论。莫罗尼将它称为"王冠与铁锚"游戏，因为在英国，这个游戏经常是用各面绘有红心、梅花、黑桃、方块、王冠和铁锚的骰子来玩的。

"这个游戏设计得很巧妙，"莫罗尼写道。"在超过半数的投掷中，庄家没赢到一个子儿。每当他有所斩获时，他都会付出更多钱给其他人，因此输家的目光总是妒忌地转向幸运的赢家，而不是怀疑地盯着庄家。引人注目的赢家总是最少的那么几个，而当他们真的损失惨重时，也总是为了表现得慷慨大方而故作镇静。"

大批读者不同意教授提出的将奶油立即倒入咖啡来保温的建议。不巧的是，这些读者刚好分为人数差不多的两部分：一部分人认为过一会儿再倒入奶油是保温的最佳办法，而另一部分人则认为，什么时候加奶油对于保温并无影响。

我就此请教了渥太华的加拿大国家研究委员会统计学家格里奇曼(Norman T. Gridgeman)。我可以高兴地告诉读者们，他的分析证实了教授的提法。以牛顿冷却定律(即热量的损耗率与热材料和周围环境的温度差成正比)

为基础,并考虑到加入奶油后咖啡的量有所增加这个重要却容易忽视的事实,可以得出,立即把这两种液体混合起来会更利于保温。无论奶油与周围环境温度相同还是略低于它,结论总是如此。其他那些因素,诸如由于液体颜色变浅而造成的辐射率变化,杯子斜面上液体表面积增大等等,对温度变化的影响是微不足道的。

下面有个典型的例子。250克咖啡的初始温度是90度,50克奶油的初始温度是10度,周围环境温度是20度。如果把奶油立即加进去,30分钟后咖啡的温度是大约48度。如果过了30分钟后才把奶油加进去,结果温度将是大约45度,相差3度。

答 案

参与三颗骰子游戏的人,每下一元赌注,只能期望赢回92分略多一点。掷出三颗骰子,共有216种等概率的结果,其中91种是参与者赢。每下一次赌注,能赢钱的概率是$\frac{91}{216}$。假定他玩了216次,每次下一元赌注,每次骰子滚出的结果都不同。在他赢的那些次数里,有75次只有一颗骰子是他押的点数,于是庄家要付给他150元;15次有两颗骰子是他押的点数,庄家要付给他45元;只有1次所有三颗骰子都是他押的点数,能得到4元。他总共赢得199元。为了赢得这点钱,他共押进去216元的赌注。所以从长远看来,每押进去一元钱,只能期望得到$\frac{199}{216}$元,或0.9212+元。这就使庄家在每一元赌注上能赚7.8分稍多一点,即获利约7.8%。

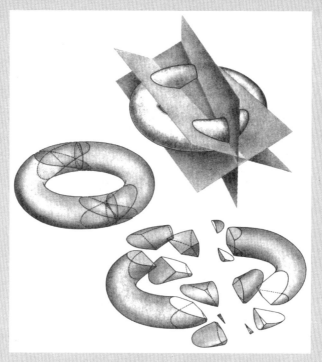

图3.5 把炸面饼圈用三个平面切割成13块的方法

图3.5表示炸面饼圈被三个平面同时切过后成为13块的方法。大批读者寄来了正确解法,可也有不少人未能找到那个难以捉摸的第13块。被几个平面切割可得到的最大块数可由以下公式确定:

$$\frac{n^3 + 3n^2 + 8n}{6}。$$

如果允许每切一次后重新排好再切的话,会得到多达18个小块。

关于这个问题,我还收到了很多有趣的来信。马里兰州银泉镇美国海军军械实验室的博德伦(Derrill Bordelon)在信中提供了 n 个平面切割公式的详细证明。田纳西州查塔努加市的小马西(Dan Massey, Jr.)推测了 n 维炸面饼圈的公式。加利福尼亚州门洛帕克的古尔德(Richard Gould)在信纸的空边上写道,他已得出了一个推广公式,可是空边太小,写不下了。纽约州伍德斯托克的麦克莱伦(John McClellan)提出了一个难题:要得到尽可能大的**最小块**,炸面饼圈圆孔直径与截面直径的最佳比例是多少?

马里兰州陶森市的霍尔(David B. Holl)在炸面饼圈实物上做了一些仔细的切割试验,然后来信说:

先生们:

对此问题稍加研究表明,最多只能切成13块。事情到这里应该就结束了,除非下次我到杂货商那里又买了一盒炸面饼圈时发现切割的技术活与这个数学问题一样吸引人。

想得到13块就需要切出一个顶点埋在炸面饼圈中间的细长金字塔。当我发现可以用嵌入炸面饼圈的牙签做引导来进行适当的可预见的切割后,我尝试了第一次完整全面的切割,结果那两块最小的金字塔根本无迹可寻。(桌面上留下了许多碎屑,但我认为这些不能算。)该情况表明,针对三个平面切割炸面饼圈的问题,不仅需要切割时小心翼翼,而且在连续切割的过程中需要准备好仔细周到的措施来防止楔形小块受压时的变形。假如出现这种情况,包含小金字塔的那些小块只要伸展一点点,就足以从刀下逃过了。

切最后一个炸面饼圈时,我用钢针代替牙签,结果获得了完全成功,共得到轮廓分明的15块。小金字塔完美得超乎想象。

因为我过分关注于防止曾经出现过的伸展现象,结果产生了一些小小的互搭。多出来那两块是由于中间的圆孔不够圆,而且前面切的两刀各产生了一个小小的但真实存在的凸起。

细细的呼啦圈形炸面饼圈切割起来也许会方便些,不过我想到这个办法时已经把它们都吃掉了,也就没有再探究下去。

第 4 章
九 个 问 题

1. 穿 越 沙 漠

在800英里宽的沙漠一边有无限量供应的汽油,但沙漠里没有任何地方可以加油。一辆卡车装足汽油可行驶500英里(称其为1个"满载"),它可以在沿途任何地方建起自己的加油站。加油站可大可小,并假设没有蒸发损耗。

问:卡车穿越沙漠至少需要多少个满载的汽油? 卡车能够穿越的沙漠宽度有没有限制?

2. 两 个 孩 子

史密斯先生有两个孩子,其中至少有一个是男孩。两个孩子均为男孩的概率是多少?

琼斯先生也有两个孩子,其中大一点的是个女孩。两个孩子均为女孩的概率是多少?

3. 邓萨尼勋爵①的象棋题

爱尔兰作家邓萨尼勋爵的崇拜者们没有一个不知道他喜欢下象棋。

---

① 邓萨尼勋爵(Lord Dunsany,1878—1957),爱尔兰世袭贵族,20世纪奇幻小说的开山始祖之一。——译者注

(他的故事《三水手开局》(*The Three Sailors' Gambit*)被公认为史上最有趣的象棋幻想小说。)但他还有个爱好并不广为人知,就是他喜欢发明一些奇怪的象棋题。这些题目与他的小说一样,把幽默和奇想巧妙地融合在一起。

图4.1中的问题是邓萨尼为菲利普斯编的《周末趣题集》(*The Week-End Problems Book*)一书提供的。尽管你确实需要了解下棋规则,但是只会下棋还不够,解本题时得进行更多的逻辑思考。白方先走,四步内将死对方。这是实战中能够走出来的局面。

图4.1 邓萨尼勋爵的象棋题

4. 自动扶梯上的教授

波兰数学家斯拉宾那尔斯基(Stanislaw Slapenarski)从一部下行的自动扶梯上缓缓向下走,走了50步到达楼下。作为一个实验,他又转身向上跑,一步一个台阶,到楼上时共走了125步。

设这位教授上行速度是下行速度的五倍(即前面每踩一个台阶的时间现在就得踩五个),并且每次都以恒定的速度前进,那么当自动扶梯停下来时,可以看见多少个台阶?

5. 孤 独 的 8

据《美国数学月刊》的编辑透露,该刊发表过的最受欢迎的难题是下面这道题。它是由西屋电器公司的谢森(P. L. Chessin)提供的,发表在1954年4月号上。

"我们的好友、著名术数家温布吉奥(Euclide Paracelso Bombasto Umbugio)教授一直忙于用他的台式计算器尝试重建下面这道竖式除法题,它有81×10^9种可能出现的情况。题目中的数字除商(几乎全被省略)外均用X代替:

$$
\begin{array}{r}
8 \\
\overline{XXX)XXXXXXXX} \\
XXX \\
\overline{XXXX} \\
XXX \\
\overline{XXXX} \\
XXXX \\
\overline{}
\end{array}
$$

"让教授省点力气吧! 也就是说,把可能的结果减少到$(81 \times 10^9)^0$个。"

由于任何数字的0次方都是1,读者的任务就是要找出那唯一的重建结构。除号上的8的位置是正确的,是五位数商的第三位数。这道题看上去难,实际上很简单,只要有点起码的洞察力就能把它解出来。

6. 分 蛋 糕

有个很简单的方法,可让两个人分蛋糕时都能满意地认为自己分到了至少一半:一个人切,另一个人挑。设计出一个通用方法,让 n 个人分蛋糕时,每个人都认为自己得到了至少 $\frac{1}{n}$ 而心满意足。

7. 折叠问题

数学家至今尚未能得出当一张导游地图上有 n 条折痕时折叠地图的不同方法数的公式。下面这道英国趣味数学家亨利·杜德尼发明的趣题,能让你对这类问题的复杂度有所了解。

一张矩形的纸被分隔成8个正方形,只在一面标上号(如图4.2左上)。把这张纸沿分隔线折成一个方格"1"在面上的小纸包,共有40种不同折法。我们的问题是如何把这张纸折成方格1在面上、其余各面从1至8按顺序排列的小纸包。

1	8	7	4
2	3	6	5

1	8	2	7
4	5	3	6

图4.2 杜德尼的地图折叠趣题

完成上面的折叠后,尝试用下面那个示意图标记的纸按同样要求折。这次可是难多了!

8. 心不在焉的出纳员

一位银行出纳员在给布朗先生兑付支票时,心不在焉地把美元和美分弄反了,他把美元当成美分、美分当成美元付给了布朗。当布朗买了一份五美分的报纸后,他发现手里正好还有支票金额两倍的钱。请问原来那张支票金额是多少?

9. 水 与 酒

大家熟悉的一个老掉牙的问题是这样的:有两个烧杯,一个盛水,一个盛酒。把一定量的水倒入酒中,然后把同等量的混合溶液又倒回水中。这时酒中的水是否比水中的酒多? 答案是两个量相等。

斯马尔扬(Raymond Smullyan)来信提出一个进一步的问题:假定开始时一个烧杯盛着10盎司水,另一个盛着10盎司酒。两个烧杯来回对倒3盎司液体任意次数,每次对倒后搅拌均匀。能否在对倒若干次后使两个烧杯里的混合溶液的含酒量百分率相等?

答 案

1. 下面关于穿越沙漠问题的分析,最近发表于剑桥大学数学系学生创办的《尤里卡》(*Eureka*)杂志上。将500英里称为1个"单位";卡车行驶500英里所需的汽油称为1个"满载";卡车从一个停车点向另一个停车点的行驶过程(不论方向)称为1个"行程"。

2个满载的汽油可以让卡车最多行驶 $1\frac{1}{3}$ 个单位,这可分4个行程完成。先在距出发点 $\frac{1}{3}$ 个单位处建立一个储油站。卡车装着1个满载的汽油出发,行驶到储油站,卸下 $\frac{1}{3}$ 个满载的汽油,然后返回原出发点。再装1个满载的汽油,行驶到储油站时装上那里的 $\frac{1}{3}$

个满载的汽油。这时卡车正好有1个满载的汽油,足以行驶1个单位。

3个满载的汽油足以让卡车行驶 $1+\frac{1}{3}+\frac{1}{5}$ 个单位,分9个行程完成。第一个储油站建在距出发点 $\frac{1}{5}$ 个单位处,卡车用3个行程可以为储油站运来 $\frac{6}{5}$ 个满载的汽油。卡车返回后把最后1个满载的汽油装上,行驶到第一个储油站时油箱还剩 $\frac{4}{5}$ 个满载的汽油。把这些加上储油站里的汽油,总共是2个满载,按上面的解释,这就足以让卡车完成剩余的 $1\frac{1}{3}$ 个单位的路程。

我们需要求出卡车行驶800英里所需的最少汽油量。3个满载的汽油能让卡车行驶 $766\frac{2}{3}$ 英里($1+\frac{1}{3}+\frac{1}{5}$ 个单位),因此需要在离起点 $33\frac{1}{3}$ 英里($\frac{1}{15}$ 个单位)处再建一个储油站。卡车用5个行程就可以为储油站运来足够的汽油,而当第七个行程结束时,卡车上和储油站里的汽油总共是3个满载。像前面看到的一样,这就足以让卡车行驶剩余的 $766\frac{2}{3}$ 英里的路程。在出发点与第一个储油站之间卡车行驶了7个行程,用去 $\frac{7}{15}$ 个满载的汽油。剩余的3个满载的汽油刚够余程,所以总耗油量是 $3\frac{7}{15}$ 个满载,或3.46个满载稍多一点。共需要16个行程。

按同样方法,4个满载的汽油能让卡车行驶 $1+\frac{1}{3}+\frac{1}{5}+\frac{1}{7}$ 个单

位,在这些距离的交界处建有3个储油站。当耗油的满载数不断增长时,这个无穷级数的和是发散的,因此卡车可以穿越任何宽度的沙漠。如果沙漠宽1000英里,就需要7个储油站、64个行程和7.673个满载的汽油。

关于这个问题,我收到了数百封来信,它们给出了通解和一些有趣的侧面提示。佛罗里达大学数学教授菲普斯(Cecil G. Phipps)对该问题的简要总结如下:

"通解可由以下公式得出:

$$d = m\left(1 + \frac{1}{3} + \frac{1}{5} + \frac{1}{7} + \cdots\right),$$

其中d是穿越距离,m是每个满载的汽油能行驶的英里数。要建的储油站数比公式中能够超过d的值所需的级数项数少1。每两个站点之间的行驶要消耗掉1个满载的汽油。由于该级数是发散的,按这个方法可以到达任何距离处,尽管耗油量会按指数递增。

"如果卡车最终得回到原出发点,公式就变成:

$$d = m\left(\frac{1}{2} + \frac{1}{4} + \frac{1}{6} + \frac{1}{8} + \cdots\right)。$$

该级数同样是发散的,其解答与原单程旅行特点相似。"

许多读者提请注意三个已经发表的关于此问题的讨论:

菲普斯的"吉普车问题:一个更通用的解",《美国数学月刊》(*American Mathematical Monthly*), Vol. 54, No. 8, 458—462页, 1947年10月。

奥尔韦(G. G. Alway)的"穿越沙漠",《数学公报》(*Mathematical Gazette*), Vol. 41, No. 337, 209页,1947年10月。

赫尔默(Olaf Helmer)的《后勤学问题:吉普车问题》(*Problem in Logistics: The Jeep Problem*),兰德计划报告 No. RA-15015,1946 年12月1日。(这是兰德公司发表的第一篇未分类的报告,当时兰德计划仍属于道格拉斯飞机公司,尚未独立。就我所知,这篇报告是对本问题的最清楚的分析,其中还包括了对返程问题的讨论。)

2. 如果史密斯有两个孩子,其中至少有一个是男孩,就有三种同样可能的情况:

男孩—男孩。

男孩—女孩。

女孩—男孩。

只在一种情况下两个孩子都是男孩,所以其概率是 $\frac{1}{3}$。

琼斯的情况不同。我们知道老大是个女孩,这就把我们限制在两种同样可能的情况下:

女孩—女孩。

女孩—男孩。

因此,两个孩子均为女孩的概率是 $\frac{1}{2}$。

(这是我在专栏里对这个问题的回答。很多读者来信提出异议,我经过进一步思考后,认识到这个问题本身表述得模模糊糊,不附加些资料是无法解答的。本书后面还有对该问题的讨论,参见第十九章。)

3. 解答邓萨尼勋爵象棋题的关键是注意到黑后并不在开局时她应处的黑格位置上。这就是说黑王和黑后都走过了,而只有当一些黑兵走过之后,他们才能走。兵是不能后退的,那就只能得出一个结论——这些黑兵是从棋盘的另一端走到现在这个位置的!了解了这一点,就不难发现右边的白马四步之内就能轻而易举地将死对方。

白方的第一步是把棋盘右下角的马走到紧挨他的王上方的那一格。如果黑方把左上角的马跳到车的纵路上,白方再走两步即可将死对方。不过黑方可以通过把马跳到象的纵路上,而不是在车的纵路上,来延迟被将死。白方把马向前跳到恰好在象的纵路上,造成下一步将死对方的威胁。黑方把马向前跳来阻碍它。白方用后吃掉黑马,然后用白马在第四步将死对方。

4. 设 n 是自动扶梯停止时能看见的台阶数,并设教授向下走一个台阶的时间为一个单位时间。如果他在下行的电梯上走了50个台阶,那么在50个单位时间里有 $n-50$ 个台阶到了视野之外。转过身向上跑时走了125个台阶,前面踩一个台阶的时间现在得踩5个。那么这一次,在 $\frac{125}{5}$ 或25个单位时间里有 $125-n$ 个台阶到了视野之外。由于可以认定电梯的运行速度保持不变,我们可以借助下列线性方程迅速求出 n 的值是100个台阶:

$$\frac{n-50}{50} = \frac{125-n}{25}。$$

5. 根据竖式除法的性质,被除数里有两位同时移下时,商里肯定有一个零。这种情况出现了两次,我们立即知道商是 X080X。除数与商的最后一位数字相乘时,积是个四位数。因为8乘以除数的积是个三位数,所以商的最后一位数字肯定是9。

除数必须小于125，因为8乘以125等于1000，是个四位数。现在就可以推出商的第一位数字大于7，因为7乘以一个小于125的数后再从被除数的前四位里减去，得出的差不会只有两位。这个数字又不能是9(9乘以除数是个四位数的积)，所以只能是8，于是商写全了就是80 809。

除数必须大于123，因为80 809乘以123是个七位数，而被除数是个八位数。123和125之间只有一个数124。现在我们可以这样重建整个式子：

$$
\begin{array}{r}
80809 \\
124\overline{)10020316} \\
992 \\
\hline
1003 \\
992 \\
\hline
1116 \\
1116 \\
\hline
\end{array}
$$

6. 有好几种方法可以把一块蛋糕切成 n 份分给 n 个人，使人人满意地认为自己得到了至少 $\frac{1}{n}$。下面这个方法的长处是一点多余的蛋糕都不会剩下。

设有五个人：甲、乙、丙、丁、戊。甲先切下他认为是 $\frac{1}{5}$ 的蛋糕，并乐意给自己留下。如果乙认为甲切下的那份多于 $\frac{1}{5}$，他有权切掉他认为多余的那部分，变成他认为的 $\frac{1}{5}$。当然如果他认为甲切下来的恰好是 $\frac{1}{5}$ 或不足 $\frac{1}{5}$，就不去动它。丙、丁、戊轮流享有同样的权利。最后一个碰这份蛋糕的人就拿走它。任何人只要认为这个人拿走的少于 $\frac{1}{5}$ 自然就很高兴,因为在他看来这意味着剩余的蛋糕大于 $\frac{4}{5}$。蛋糕的剩余部分,包括切下来的那些小块,以同样方式在剩余的四个人中分,然后在三个人中分。最后一次分时,一个人切,另一个人挑。很明显,这个方法在任意人数的情况下都可以采用。

关于本方法和其他方法的讨论,可参见卢斯(R. Duncan Luce)和赖法(Howard Raiffa)著,1957年由威利父子出版公司出版的《游戏与决策》(*Games and Decisions*)一书第363—368页的"公平分配游戏"(Games of Fair Division)这一节。

7. 第一张纸这样折叠:把纸面朝下扣着,往下看时,标号的方格位置成为:

$$\frac{2\ 3\ 6\ 5}{1\ 8\ 7\ 4}。$$

把右半张纸向左折,使5压在2上,6压在3上,4压在1上,7压在8上。把下面一半向上折,使4压在5上,7压在6上。现在把4和5折到6与3中间,并把1和2折到底下。

第二张纸的折法如下:沿长线上下对折,使数字朝外,拿起来时使4536朝上。把4折到5上。把纸条的右端(方格6和7)插入1与4之间,然后把4的折边拉圆,把6和7塞进去插入8和5之间,而3和2则插入1与4之间。

8. 为确定布朗先生的支票金额,以 x 代表美元,以 y 代表美

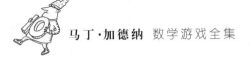

分,问题就可用下列方程表示:

$$100y+x-5=2(100x+y)。$$

这可以化简为$98y-199x=5$,它是一个具有无穷多整数解的丢番图方程。用连分数的标准方法可以得出最小正整数值:$x=31,y=63$,此时布朗先生的支票金额是31美元63美分($\$31.63$)。这是唯一的答案,因为下一个次小值是:$x=129,y=262$,不符合$y$小于100的要求。

有一个比这更为简单的解法,并且很多读者写信谈到了它。与前面一样,以x代表支票金额的美元,以y代表美分。买过报纸后,布朗剩下的钱是$2x+2y$,零钱(出纳员给他的x美分)则是$x-5$。

我们知道y小于100,但不知道它是否小于50。如果它小于50,就可写出下列方程:

$$2x=y,$$

$$2y=x-5。$$

如果y等于或大于50,那么布朗剩余的美分数$(2y)$就等于或大于1美元。因此得修改上面这个方程,从$2y$中减去100,并给$2x$加上1,方程就变成:

$$2x+1=y,$$

$$2y-100=x-5。$$

各组联立方程解起来毫不费力。第一组方程得出x是个负值,舍去。第二组方程得出的是正确值。

9. 不管各个烧杯中的酒和水分别有多少,也不管每次来回对倒的量(只要不是某个烧杯中的所有溶液),要达到两个烧杯里的含酒量百分率相等这个程度是不可能的。这可以由一个简单的归纳论证来说明。如果烧杯甲里酒的浓度比烧杯乙里的高,从甲向乙倒时,甲仍然保持较高浓度。同样,从乙向甲倒(即从低浓度向高浓度倒)时,乙仍然保持较低浓度。由于每次对倒都是这两种情况之一,就可得出结论:烧杯甲的溶液里的含酒量百分率一直高于乙。要使两个烧杯中酒的浓度相等,唯一的办法是把一个杯子中的所有溶液全倒入另一个中。

以上这个解法存在一个推理谬误。它假定液体是无限可分的,而实际上它们是由许多离散的分子组成的。不列颠哥伦比亚省罗亚尔欧克镇的阿盖尔(P. E. Argyle)来信指正道:

先生们:

你们对酒水混合问题的解答好像忽视了物质的物理属性。从这两种液体的混合溶液中抽样时,样液中一种液体所占的比例与混合溶液中一种液体所占的比例是不同的。它与"正确"量之间的误差是大约 $\pm\sqrt{n}$,其中 n 是期望存在的分子数。

因而有可能使两个玻璃烧杯中的含酒量相

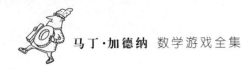

等。当混合溶液的浓度与期望的相等值的差降低到大约 $\sqrt{n}$ 时,这种情况出现的可能性就不可忽视了。就这个具体问题而言,它只需要来回对倒47轮……

第 **5** 章

依洛西斯归纳游戏

从三子棋到象棋的大多数与数学有关的游戏,都需要参与的人进行一些演绎推理。相比之下,这里介绍的由阿博特(Robert Abbott)先生发明的别致的依洛西斯①纸牌游戏则是一种归纳游戏。阿博特是纽约青年作家,曾发明过许多别开生面的纸牌和棋类游戏,而这一种游戏却引起了数学家及其他科学家的特殊兴趣,因为它需要用到类似于科学方法的手段,而且它对观念形成的心理能力的精确运用,似乎是创造性思考者"直觉"的基础。

依洛西斯是一种三人以上参与的游戏,要用到一副标准的扑克牌。大家轮流当"发牌者",这个角色不实际参与游戏,只充当仲裁者。发牌者给大家发牌,直到剩最后一张时,把这张牌翻过来放在桌子中间作为"起始牌叠"的第一张。为使每个人手里的牌数相等,发牌者在发牌前应抽出一定数量的牌放在一边。如果是三个人玩(包括发牌者,当然他只发牌,自己不拿牌),就应抽出一张牌;如果是四个人玩,就无需抽牌;五个人玩时,就要抽出三张牌,依次类推。抽出的牌放在一边不要摊开。

---

① 依洛西斯(Eleusis)是一古希腊城市,该城每年都要举行秘密宗教仪式,祭祀谷物女神及冥后。因为游戏中要制定秘密规则,所以借用依洛西斯来命名该游戏。——译者注

发完牌并放好第一张牌后,发牌者制定出一条秘密规则,即什么牌可以放到牌叠上,什么牌不可以。这条规则对应着一条科学法则。玩牌者可以把发牌者看作大自然的主宰或者上帝(如果愿意的话)。发牌者把规则写在一张纸条上,折起来放在一边。这是为了过后查对,以防发牌者中途变卦修改规则,即推翻"自然法则"。游戏过程中,每个玩牌者的目的是尽可能多地出牌。只要能猜中规则,就能很快把牌脱手。

例如,一个很简单的规则是:"如果起始牌叠顶上是红牌,就出黑牌;如果是黑牌,就出红牌。"初学者不要性急,应该先使用此类最简单的规则,随着玩牌技能不断提高,再逐步采用比较复杂的规则。依洛西斯最巧妙的特点之一是,其计分方法(解释在后)迫使发牌者选择一种既不能让每个玩牌者一眼便可看破,又要简单到能使其中一个玩牌者有可能先于其他人猜出来,而且是在游戏的前期猜出来。这里是又一个很有意思的比喻:物理的基本法则很难被发现,可是一旦被发现,它们往往会是以比较简单的方程为基础的。

规则写出后,"第一阶段"游戏开始。第一个玩牌者任出一张牌,将牌面朝上放在第一张牌上。如果此牌与规则相符,发牌者便说"正确",牌原封不动地留在起始牌叠上;如果此牌与规则不符,发牌者便说"错误",出牌者收回这张牌,将牌面朝上放在自己面前。接下来轮到左边那位出牌。每一个玩牌者每次出一张牌,出错的牌牌面朝上放在自己面前,稍稍散开一点,以便识别。起始牌叠上出对的牌也应在桌面上以扇形依次排开,以便所有的牌都能一目了然。图5.1展示的是一个典型的起始牌叠。

为了破译支配出牌顺序的秘密规则,每个玩牌者都试图分析起始牌叠里的牌。先拟定一个假设,此假设可以通过出自己认为是对的牌或出自己怀疑是错的牌的方法来检验。玩牌者手中的牌全出完后,第一阶段

图 5.1　依洛西斯游戏里典型的起始牌叠。决定牌的摆放顺序的秘密规则是什么?

宣告结束。

　　到此,发牌者的得分已经揭晓。这个得分的高低取决于优胜者(即出错牌最少者)领先其他人牌数的多少。如果是两个人玩(不包括发牌者),那么将优胜者出错的牌数从另一位出错的牌数之中减去,就得到发牌者的得分。如果是三个人玩,发牌者的得分就是将优胜者出错的牌数乘以2,再从其他两位出错的牌数之和中减去。如果是四个人玩,就乘以3,然后再如法炮制。如果是五个人玩,乘数就是4;如果是六个人玩,乘数就是5,其余情况依次类推。注意,牌面的花色和点数不计入得分。

　　例如,四人一桌,三位玩牌,一位发牌。三人出错的牌数分别是10、5和3。3乘以2等于6,将其从15中减去,得到发牌者的得分9。记下发牌者的得分,然后游戏进入第二个也是最后一个阶段,现在要打的是刚才出错的那些牌。

　　每个人出错的牌仍然在自己面前成扇形排开,如果本人愿意,可将牌序重新排列。玩法和第一阶段一样,轮流出牌,每个人每次出一张牌,放在起始牌叠上。由发牌者宣布出对还是出错。如果出错牌,出牌者将牌收回并重新放进自己的错牌堆中。当有一个玩牌者出完了所有的牌,或者当发牌者发现起始牌叠上不可能再放上更多的正确的牌时,第二阶段游戏结束。

这时打开放在一边的纸条,公布秘密规则。这在某种意义上相当于数学家对自己通过一系列专门观测用归纳假设推测得出的定理进行最后的演绎证明。当然,科学家无法进行这种最后证明,而只能满足于建立高概率基础上的假设。如果科学家接受实用主义认识论,比如詹姆斯[1]和杜威[2]的观点,他也许不相信那个折叠纸条的存在。他会认为成功地进行假设将是其"真实性"的唯一意义。他或许会同意罗素[3]及其他人的观点,认为理论的真实性在于它与一种外在结构的一致性,即使这种结构虚无缥缈,无法捕捉,无法展示。卡纳普[4]和他的朋友们持有另外一种观点。他们认为,问是否"存在着"一张折叠纸条(即符合科学理论的某种确定结构),相当于提了一个伪问题。因为无法回答这样的问题,所以应该由实际问题来取代:在一定的话语语境里谈论科学法则和理论时,要使用的最佳语言形式是什么?

现在计算玩牌者的得分,计算方法与发牌者的得分相似。各人用他手中的牌数乘以除发牌者和他自己以外的玩牌人数,再将乘积从其他人手中的总牌数里减去,所得的差就是他的得分。如果结果是负数,那么得分就是0。牌全部出手者,多加6分。如果没有人将牌全部出手,这6分就归手中牌数最少者;如果出现两个或两个以上并列的情况,这份红利应均分。例如:有四位玩牌者(不包括发牌者),手中的牌数分别为2、3、10和0,他们的得分就分别是7、3、0和21。

每盘过后,轮到原发牌者左边的一位来发牌。游戏一直持续到每个人都做过两次发牌者为止,得分最高者就是这一局的优胜者。

① 詹姆斯(William James,1842—1910),美国心理学家、哲学家。——译者注
② 杜威(John Dewey,1859—1952),美国哲学家、教育家。——译者注
③ 罗素(Bertrand Russel,1872—1970),英国数学家、哲学家。——译者注
④ 卡纳普(Rudolf Carnap,1891—1970),德国哲学家。——译者注

如果需要起始牌叠上存在两张牌后规则才能被应用,那么无论第一张出的是什么牌,都算作正确的牌。如果规则与数有关,就把A看作1,J看作11,Q看作12,K看作13。如果允许"拐弯"的话(按循环顺序继续:J-Q-K-A-2-3-…),发牌者应该在其秘密规则中有言在先。

规则的限制范围要合理,不要让玩牌者在大部分轮次里可出的牌少于总牌数的 $\frac{1}{5}$。例如,"所出的牌点数必须比最上面一张牌大1"的规则就不可取,因为每一轮中某个人能出的牌只有52张中的4张。

发牌者在写好秘密规则后,如果本人愿意,可作必要的暗示。他也许会说:"此规则涉及起始牌叠中的上面两张",或"此规则与花色有关"。不过,游戏一旦开始,就不能再作进一步的提示了,除非只是随便玩玩。

下面是一些典型的秘密规则,排列次序由浅到深,由易到难。

1. 交替出偶数点数和奇数点数的牌。

2. 要出的牌必须与牌叠最上面的那张同花色或同点数。(类似于扑克游戏"疯狂8①"中的打法。)

3. 如果上面的两张牌同色,在A到7中出一张;如果不同色,在7到K中出一张。

4. 如果从上往下数的第二张牌是红色的,出一张点数大于等于它的牌;如果它是黑色的,出一张点数小于等于它的牌。

5. 用4除上一张牌的点数,如果余1,出一张黑桃;如果余2,出一张红心;如果余3,出一张方块;如果余0,出一张梅花。

如果玩牌者的数学功底较深,规则自然应该定得难一点。然而,发牌

---

① 原文为Eights,一种扑克游戏,上家打出一张牌后,下家必须打出一张与上家同花色或同点数的牌,或者打一张8,并要求对方摊出任何一种花色的牌,目的是首先出完这种花色的牌。——译者注

者应该精明地估计各位玩牌者的实力,以便挑选出让某一个人有希望在其他人之前猜出的规则,来提高自己的得分。

还可制定与玩牌者有关的规则。(有人认为物理学家的装置影响他的观测结果,而人类学家对文化的调查又改变了文化。)例如:"如果组成你姓的字母①有奇数个,出一张颜色与最上面的牌不同的牌;否则,出一张与最上面的牌同色的牌。"不过,采用如此捉弄人的规则,不提示玩牌者显得不够公平。

依洛西斯纸牌游戏的"规则大全"已由位于纽约州纽约市第17区列克星顿大街420号的美国纸牌制造商协会印刷出版,只要寄去一张4美分的邮票,他们就会给你寄一本。

图5.1中的那些牌是按照一种本文没有提及的简单规则打出来的。读者在看解答之前,不妨自己先思考一番。注意,前七张牌是以颜色交替出现的样式排列的,这种情况经常出现在游戏及科学史里。玩牌者想到的条件不一定正好是规则的组成部分,但除非实践证明规则比他们预想的要更简单,或者他们的成功只是偶然因素所致,否则就仍要坚持尝试下去。

补　遗

尽管许多游戏都具有归纳推理的特点,但真正在归纳方面足够强的、能称得上归纳游戏的却寥寥无几。我能想到的只有"战舰"(Battleship,有时称作"齐射")——一种儿童玩的纸笔游戏,"乔图"(Jotto)和类似的猜词游戏,以及一种叫做"旅行"(Going on a Trip)的室内游戏。经哥伦比亚大学物理系的拉皮德斯(I. Richard Lapidus)介绍,我对最后一种游戏产生了兴趣。向导在纸条上写一条规则,规定旅行中可以带什么东西,然后说:"我准备带____",说出一样与

---

① 如果是汉字,就取拼音字母。——译者注

规则相符的东西。旅客们依次提问"我可以带＿＿吗?"并由向导裁决他们所说的东西是否允许带。第一个猜出规则的就是获胜者。规则可简可繁。下面是一条狡猾的规则:所带物品名称的第一个字母必须与携带者姓的第一个字母相同。

我认为,对这些不寻常的归纳游戏,有很多可能性尚未被研究到。猜测隐藏图案就是一例。设想有一个能平铺100张麻将牌的正方形盒子。有600张麻将牌,一面涂着彩色,另一面涂着黑色。共有6种不同的颜色,每一种颜色涂100张牌。庄家悄悄地把100张麻将牌放进盒子,组成一种结构严谨的图案(图案灵活多样,可以从一种单调的颜色到非常复杂的结构)。摆好后将盒子底朝天放在桌子上,拿掉盒子,桌上的麻将牌成方形排列,黑面朝上。玩牌者依次选择一张麻将牌,并将其翻转过来。第一个准确描绘出完整图案的就是获胜者。玩牌者草拟猜测图案时不能让其他人发现,只能让庄家看。

在玩依洛西斯游戏的过程中,玩牌者总是下意识地把发牌者奉为上帝,结果常常发现自己会冒出一些神学语言。发牌会被说成是玩牌者"求助于上帝"。如果发牌者违反自己所制定的规则,误把出错的牌判为正确的牌,这种情况被称为"奇迹"。阿博特记得,在一次游戏中,发牌者看到没人能猜出他的规则,干脆指着一个玩牌者手中的一张牌说:"出这张。""我刚刚得到了神灵的启示,"那位玩牌者回答。

答　案

确定图15.1中出牌顺序的秘密规则是："如果起始牌叠顶上的牌点是偶数,就出一张梅花或方块;如果是奇数,就出一张红心或黑桃。"

还可能构想出其他的规则。布鲁克林区的吉夫纳(Howard Givner),纽约伍德米尔的沃瑟曼(Gerald Wasserman)和布宜诺斯艾利斯的芬克(Federico Fink)都提出这样一条秘密规则:"任出一张与起始牌叠顶上的牌点不一样的牌。"这是一条更简单的规则,但是如果此规则正确,要解释由第一条规则表述的较强的次序关系是如何产生的就很困难了。有可能所有的玩牌者都把第一条规则猜错了,并照着错误的规则打下去,而且没有人碰巧出一张点数与起始牌叠顶上那张牌相同的牌。当然,真正打起牌来,出错的牌会为我们辨别互相对立的假设提供额外线索。

有好几位读者想到了非常复杂的规则。纽约州纽约市的格里斯科姆(C. A. Griscom)就是其中一个。格里斯科姆的规则只与牌的点数有关,同时假定A的点数是14。不允许出现"拐弯"。任出一张点数比牌叠顶上那张牌大或者小的牌,但是如果你延续前一位玩牌者采用的变化方向,就必须增加变化的增量。如果更大的增量不可能做到,那么就把增量的数值定为1。

认识到能列出多个假设来解释一组已知事实,而且任何一个假设都可以通过修补来使其符合与它矛盾的新事实,这是一种重要的对科学方法的洞察力。例如,如果有人在梅花8后出了一张方块8,那么通过附加说明方块8是一张例外的牌,可在任何时候打出,就可以挽救最后那条规则。一个又一个科学假设(例如托勒密的宇宙模型)已经被精心设计到一种惊人的程度,以在最终找到更简单的解释之前用来对付棘手的新事实。

所有这些在科学哲学上提出了两个发人深省的问题:为什么最简单的假设是最佳选择?"简单"又是如何定义的?

第 6 章

折纸艺术

近年来日本文化的许多方面吸引了美国人的兴趣,其中之一是古老的折纸艺术。英国现在有好几本这方面的著作,曼哈顿的一家折纸车间(由奥本海默夫人(Mrs. Harry C. Oppenheimer)创办)生意兴隆。此外,美国首届折纸作品展也于1959年在纽约库珀学院的装饰艺术博物馆举办。

折纸艺术的起源已经消失在古老东方历史的薄雾里,无从考证了。用纸折叠的马被作为和服上的装饰出现在18世纪日本的印刷品上,因此这门艺术在中国和日本的出现肯定比这还要早几百年。折纸一度被认为是日本上流社会妇女的杰作,现在看来,折纸者主要是那些艺伎和在学校里学过折纸的儿童。在过去的20年里,西班牙和南美洲出现过令人瞩目的折纸热潮。伟大的西班牙诗人及哲学家乌纳穆诺[1]写了一篇有关折纸的貌似严肃的论文,并从一种基础折纸出发,研制发明了许多非凡的新型折纸结构,从而为这股热潮推波助澜。

传统的折纸艺术是一种不需裁剪、裱糊或装饰的艺术,只用一张纸就能折出真实的兽、鸟、鱼及其他实物。现代的折纸艺术并不局限于此,有时用剪刀修修这儿,用糨糊贴贴那儿,甚至用铅笔画上一双眼睛,等等。不

---

① 乌纳穆诺(Miguel de Unamuno,1864—1936),西班牙哲学家、作家、早期存在主义者。——译者注

过,正如东方诗歌的魅力在于其紧凑严密的格律,只用最少的词汇表达尽可能多的意思,折纸艺术的吸引力在于仅用一张纸和一双巧手就可以产生奇迹般的真实性。把一张纸沿单调的几何线条折来折去,突然之间它会变成一个令人惊叹不已的小巧玲珑的微型半抽象雕塑。

看看那些折纸的几何外观,就不会奇怪为什么有许多数学家会被这门离奇而又优雅的艺术完全迷住。例如,牛津大学数学教师卡罗尔(Lewis Carroll)就是一位狂热的折纸爱好者。(他在日记里记载了第一次满怀兴致地学习如何折出一个在空中挥动时能砰啪作响的小玩艺时的情景。)趣味数学文献中收录了很多有关折纸模型的小册子和文章,而这些模型中就有被称为变脸折纸的奇特玩具。

具体的折叠操作产生了一个有趣的数学问题:为什么折叠一张纸时,其折痕是一条直线?高中几何课本上有时会引用它作为例证来说明这样一个事实——两平面交于一条直线。可这显然不对,因为折叠后的纸条的各个部分是互相平行的面。下面由蔡斯(L. R. Chase)在《美国数学月刊》(1940年6—7月)上提供的才是正确解释。

"设 P 和 P' 为纸上折叠后重合的两个点,A 为折痕上的任意一点。因为 AP 与 AP' 折叠后也是重合的,所以 A 到 P 和 P' 的距离相同,因此由这样的点 A 构成的轨迹(即折痕)就是 P 和 P' 的平分线。"

折叠正多边形虽然不属于古典折纸艺术的范畴,但仍算得上是富有挑战性的课堂练习。正三角形、正方形、正六边形和正八边形都相当好折,可正五边形就不那么容易折了。最简单的折法是在纸条上打一个结,然后压平(如图6.1左所示)。这个模型暗藏玄机。如果把纸条一端折过来,再把这个结拿起来对着亮光(如图6.1右所示),就会看到中世纪巫术中常见的那种著名的五角星。

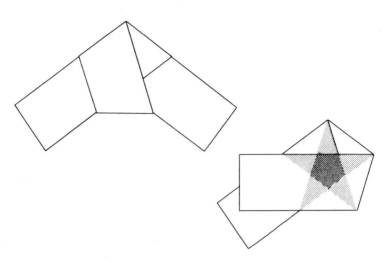

图 6.1　左:在纸条上打一个结来折出一个五边形　右:如果把纸条再折一下,对着亮光看,就会发现一个"五角星"

用纸还可以折出相当于许多低阶曲线的包络线的各条切线,如抛物线就特别容易演示。先在距纸张底边几英寸处标记一个点,然后把纸折起来,使底边某处贴着这个点。不断变换底边上与该点相接触的位置,折出约20条折痕。图6.2绝妙地展现出了一条抛物线。标记的点是曲线的焦点,纸的底边是其准线,每条折线(痕)是曲线的切线。不难看出,这种折法保证了曲线上的每一点到焦点和准线等距,这正是定义抛物线的一个性质。

与这个折叠方法紧密相关的是初等微积分里的一个有趣问题。假设有一张8英寸×11英寸的纸,把角A折叠到纸张左边缘(如图6.3)。沿着这条边上下移动角A,在每个位置折出一条折痕,就可以得到以角A为焦点的抛物线的各条切线。当角A处在纸张左边缘的什么位置上时,与底边相交的折痕会最短? 这样一条折痕的长度是多少? 不太了解微积分的读者可以从处理下面这个比较简单的稍加改变的问题中获得乐趣。如果纸的宽

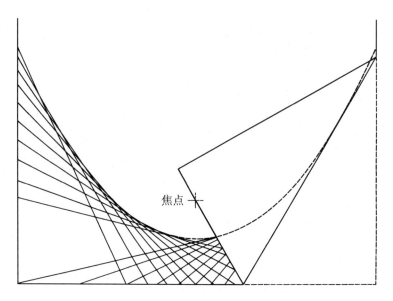

图6.2 把纸的底边上各点不断折叠到某一点上,就形成了以该点为焦点的抛物线的各条切线

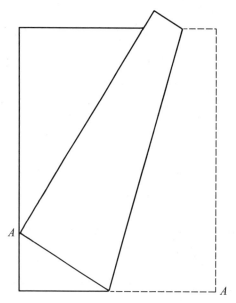

图6.3 折纸的微积分问题

度减到7.68英寸,而角A被折叠到底边上方5.76英寸处,那么折痕的准确长度是多少?

现在撇开折纸的数学问题不谈,我只在这里讲讲如何制作折纸作品中在多个方面都最具代表性的一种——展翅高飞的鸟。这件作品既是美的化身,又是手工的杰作。读者需要准备一张正方形的纸(有图案的包装纸最好),同时还得具备复杂的折纸技巧。

用边长为8英寸的正方形纸比较合适。(有些折纸高手喜欢用一美元纸币,先对折成正方形,然后折出一只迷你小鸟。)先沿两条对角线折出折痕,再将纸翻过来(见图6.4-1),使"下凹折线"成为"上凸折线"。(示意图中所有下凹折线均用虚线表示,上凸折线则用实线表示。)

将纸对折,然后打开;换个方向再对折并打开。这就又折出了如图6.4-2所示的两条下凹折线。

将两条相邻边向上折,让它们碰在一起(如图6.4-3)。打开,然后按同样方法折叠另外三个角。现在纸就折成图6.4-4的样子。(注意,折痕在正方形纸的中心勾画出了一个正八边形的轮廓。)

下面的步骤极难描述,尽管掌握窍门后动手折起来非常容易。注意图6.4-4中用箭头标出的4条短下凹折线,向里挤压它们,使其变成上凸折线。把正方形各边的中心(在图6.4-4中标记为A、B、C、D)向里推,使结果如图6.4-5所示。这就让正方形的四个角(标记为J、K、L、M)隆起,并显示出如图6.4-6的斜视图。

如果所有的折叠有条不紊(一定要把正方形边的中心向下推到底),那就应该可以毫不费力地把四个角尖拉到一起,如图6.4-7。把边合在一起,将整个模型压平,如图6.4-8。

把图6.4-8中的翼面A沿直线B向下方折,然后翻过来对另一面按同样

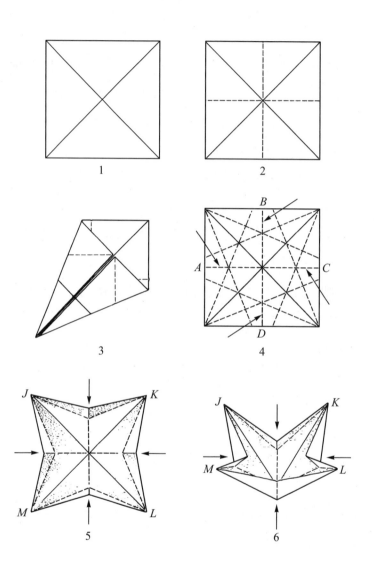

图6.4　日式飞鸟折叠法

（接上页）

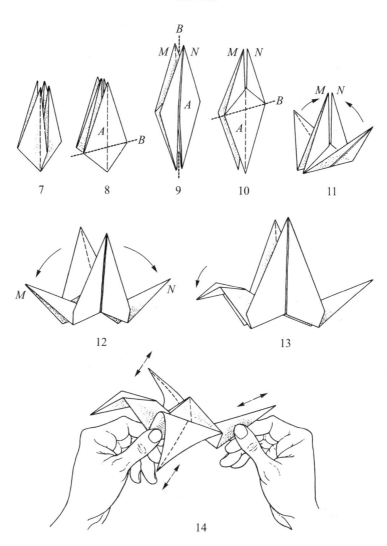

7   8   9   10   11

12   13

14

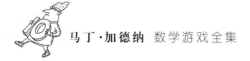

方法操作,这时纸形就变成图6.4-9的形状。

把图6.4-9中的翼面A沿着竖线B向左折,然后翻过来用同样方法折另一面,结果如图6.4-10所示。

把图6.4-10里的翼面A沿直线B向上折。翻过来,用同样方法折另一面。把折出的等腰三角形拿起来使其顶点朝上(如图6.4-11)。在余下的折叠过程中,把折纸拿在手里比放在桌子上操作要方便得多。

将M端拉成如图6.4-12所示的角度,然后把纸的底部压平。对N端的处理方法与此相同。现在压下M端的头,反折再压平,将其作为鸟头(如图6.4-13)。

塑造鸟的翅膀时不要折,而是使其从根部到顶部略微向外和向前成弧形。照图6.4-14举起鸟,当你轻轻推动鸟尾时,它的双翅就会优美地轻轻拍动。

很多折纸动物都会有动作:如能张开嘴巴的鱼,轻按背部时能跳跃的青蛙等等。乌纳穆诺的著作翻译者告诉我们,这位西班牙作家在萨拉曼卡咖啡馆品午咖啡时就喜欢折这类动物。难怪街上的顽童会睁着圆鼓鼓的眼睛,把鼻子贴在窗玻璃上一个劲地看呢!

补　遗

自本章内容刊登在《科学美国人》杂志上以来,奥本海默夫人介绍折纸艺术的期刊《折纸者》(*The Origamian*)复刊了。她继续领导着位于纽约州纽约市第3区南格兰默西公园路26号的纽约折纸艺术中心,从各个方面促进了折纸艺术的发展。

有关折纸的新书每年都有出版,目前还有好几种折纸结构元件在美国行销。《不列颠百科全书》(*Encyclopaedia Britannica*)决定在下次重印时加上一篇有关折纸的文章。有些幼儿园教师和小学低年级教师开始对这门艺术发生兴趣，但大多数教师对此很反感，因为他们会由此联想到20世纪初幼儿园流行的呆板练习，就是用各种彩色纸折出精心设计的图样。（这种练习是由德国的一位幼儿园创办人弗勒贝尔[1]首先提出的，很多美国教师也受到了它的不良影响。）

对展翅高飞的鸟的英文描述最早出现在1890年伦敦出版的蒂桑迪耶（Gaston Tissandier）的《科学娱乐半小时》（*Half Hours of Scientific Amusement*）里。这是1889年出版的法语著作的英译本。有一种比我在本章里选的这个更简单的折鸟方法，不过用笔墨表达起来更困难。

关于乌纳穆诺在西班牙餐馆里做动物折纸的描述出现在他的1925年由克诺夫公司出版的《散文与独白》（*Essays and Soliloquies*）一书的英译本中。奥尔特加-加塞特[2]在一本有关他的朋友乌纳穆诺的书中提到过这样一个场景：这位哲学家给一个小男孩折了一些动物，男孩问："这只小鸟会说话吗？"这个问题激发了他的灵感，让他写出了最著名的诗作之一。乌纳穆诺的有关折纸的诙谐散文收录于1902年巴塞罗那出版的《爱与儿童教育》（*Amor y pedagogia*）一书中。他在这方面的更重要的文章发表在1902年3月1日的阿根廷杂志《面孔与面具》（*Caras y caretas*）上。

东京的吉泽章被认为是在世的世界上最伟大的折纸艺术家。他已写了好几本这方面的书，还为日本的报刊撰写过许多文章。南美洲最好的折纸指南是由阿根廷布宜诺斯艾利斯的牙科医生萨格莱多（Vicente Solórzano Sagredo）编写的。在日本和西班牙都有关于这门艺术的大量文献，但我把本章的参考书目限定为英文书，以方便大家查找。

---

① 弗勒贝尔（Friedrich Froebel，1782—1852），德国教育改革家。——译者注

② 奥尔特加-加塞特（Ortegay Gasset，1883—1955），西班牙哲学家。——译者注

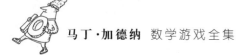

答　案

那个折纸问题最好被当作微积分里的极大极小值问题来处理。设 x 是角 A(折起后的角)到折痕与底边交点处的距离,那么 $8-x$ 就是底边上剩余的长度。于是纸张左下角到角 A 与左边缘的交点之间的距离就是 $4\sqrt{x-4}$,角 A 到折痕与纸张右边缘交点处的距离就是 $\dfrac{2x}{\sqrt{x-4}}$,折痕本身的长度就是 $\dfrac{\sqrt{x^3}}{\sqrt{x-4}}$ 。如果令最后一个函数的导数为 0,那么 x 就等于 6。因此角 A 在底边上方 $4\sqrt{2}$ 处与左边缘相交,折痕长为 $6\sqrt{3}$,或 10.392 英寸多一点。

本题的一个有趣特点是:不论纸的宽度是多少,与底边相交的最短折痕都可以通过使 x 刚好等于纸张宽度 $\dfrac{3}{4}$ 的折叠来取得。把这 $\dfrac{3}{4}$ 的长度乘以 3 的平方根,就得出折痕的长度。如果要取得折上去的那部分**面积**的最小值,那么 x 总是等于纸张宽度的 $\dfrac{2}{3}$ 。

在那个比较简单的问题中(纸宽 7.68 英寸,角被折叠到底边上方 5.76 英寸处),折痕的长度正好是 10 英寸。

第 7 章
化方为方

能否将一个正方形切割成许多个大小全都不同的小正方形呢？长期以来人们认为这个极其困难的题目是无解的。可如今这个问题得到了解答，方法是先用电网理论对其进行转换，然后再复原到平面几何上来。多伦多大学数学副教授塔特（William T. Tutte）在这里给我们生动地描述了他与剑桥大学的三位同学当初如何最终完成化方为方的经过。

故事发生在1936—1938年，剑桥大学三一学院的四位学生正在进行数学研究。一位是本文的作者，另一位是现在的伦敦大学统计遗传学家史密斯（C. A. B. Smith），他还是个有名的游戏理论和假币问题方面的作家。还有一位是斯通，目前在曼彻斯特大学从事深奥的点集拓扑学研究，他还是本系列的《悖论与谬误》中描述的变脸折纸游戏的发明者之一。最后一位是布鲁克斯（R. L. Brooks），他现在虽已离开学术界到行政部门谋职，但仍对趣味数学有着浓厚的兴趣，而且图形着色理论中的一条重要定理就是以他的名字命名的。这四位当年的学生以特有的谦虚，称自己为三一数学学会的"重要成员"。

1936年有一些关于把矩形切割成不等正方形的文献资料。因而人们知道一个32×33单位的矩形可以被切割成9个正方形，边长分别为1、4、7、

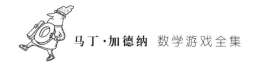

8、9、10、14、15和18个单位(见图7.1)。杜德尼的《坎特伯雷趣题》里有一句话引起了斯通的兴趣,那句话似乎在暗示,不可能把一个正方形切割成不等的小正方形。他试着去证明这个不可能性,但没有成功。不管怎样,他确实发现了能把一个176单位×177单位的矩形切割成11个不等正方形的方法(见图7.2)。

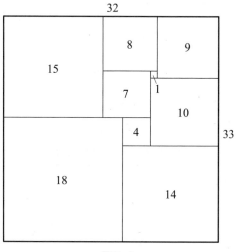

图7.1

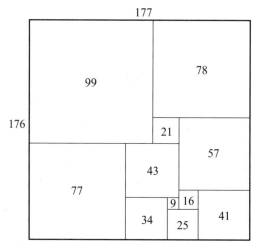

图7.2

这个小小的成功激发了斯通和他那三个朋友的想象力。他们立即把大量时间投入到建立模型并研讨把矩形切割成正方形的问题。他们将任何可以被切割成不等正方形的矩形称为"完美"矩形。几年后又用"方化矩形"这个术语来描述可以被切割成两个以上正方形的矩形,而且这些正方形不一定要不等。

完美矩形的构建其实很容易。方法如下:先画一个被切割成许多小矩形的矩形草图(如图7.3)。然后把这个图案看成是一个画得很蹩脚的方化矩形,里面的小矩形应该是正方形。接着按照这个假设,采用初等代数方法求出相对应的正方形的大小。于是,在图7.3中我们用 x 和 y 标明了两个相邻小正方形的边长。这样就可以说,紧靠在它们下面的正方形边长为 $x+y$,紧靠在左边的那个正方形的边长为 $x+2y$,依此类推。于是可以推出图7.3里所有11个小正方形边长的公式。这些公式将除线段 AB 外的所有其他线段处的正方形组合了起来。我们可以通过选定 x 和 y,使其满足 $(3x+y)+(3x-3y)=14y-3x$,即 $16y=9x$,将线段 AB 处的正方形也组合起来。于是我

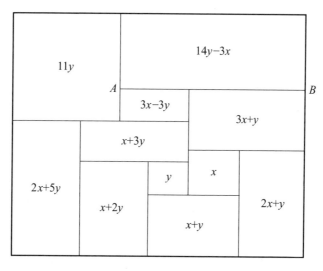

图7.3

们令 $x=16$，$y=9$，就得出了图 7.2 所示的那个完美矩形，这是由斯通首先发现的。

采用这个方法有时会得出一些小正方形的边长是负值。然而，人们发现只要对原设计图做些小小的改动，便可把边长为负值的正方形转变成边长为正值的正方形，因此不会有什么麻烦。事实证明，在一些更为复杂的设计图中，有必要从 3 个未知正方形开始，设其边长分别为 x、y、z，并且在代数运算结束时，解两个线性方程，而不是一个。有时最后得出的方化矩形经证明并不是完美矩形，于是这次尝试就被认为是失败的。幸运的是，这种情况不常发生。我们只记录那些"简单"完美矩形，也就是不包含更小的完美矩形的那种。例如，在图 7.1 的那个图形的上面那条水平边上竖一个新的边长为 32 个单位的正方形，得出的那个完美矩形就不是个简单完美矩形，而我们也没有打算讲这个。

在研究的第一个阶段，我们设计了大量的完美矩形，组成这些矩形的正方形数目从 9 个到 26 个不等。在每个矩形的最终结构中，各小正方形的边长以没有公因数的整数表示。当然，我们都希望用这种方法设计出足够多的完美矩形后，最终能得到一个"完美正方形"。但随着发现的完美矩形数量的增加，这个希望变得渺茫了。新结构的生成也减缓了。

审视了我们设计的这一连串东西后，就会发现一些奇怪的现象。我们按照小正方形的数目对这些矩形进行分类，将这些数目称为矩形的"阶数"。我们注意到，在任何一个阶数中，代表正方形边长的数字总有出现重复的趋势。而且某一个阶数中的矩形的半周长往往会作为下一个阶数中矩形的其余边长重现好几次。例如，根据现有全部资料，我们会发现在 6 种 10 阶简单完美矩形中有 4 种的半周长是 209 个单位，而在 22 种 11 阶简单完美矩形中，有 5 种的某条边长是 209 个单位。人们对这种"无法解释的重现法则"争论了很久,但未能得出令人满意的解释。

在研究的下一个阶段,我们放弃了偏重理论的尝试,而是试着把方化矩形用各种图形来表示。最后一种由史密斯引进的图形确实是个大飞跃,其他三位研究人员都将其称为史密斯图形。可史密斯不同意这种叫法,他说这只不过是把先前的某一个图形稍作改动得到的。无论怎样,史密斯图形一下子把我们的问题转化成了电网理论的一部分。

图7.4展示了一个完美矩形及其史密斯图形。图中矩形的每条水平线段在对应的史密斯图形中用点(或称"节点")来表示。史密斯图形里的节点标在与其对应的矩形水平线段右侧的延拓上。矩形中任何一个正方形组件都由上下方的两条水平线段约束。于是,它可以用联结两个对应节点的线或"电线"在图中表示。我们想象每根电线上都有电流通过,电流的强度从数字上讲等于对应正方形的边长,方向是从代表较高水平线段的节点

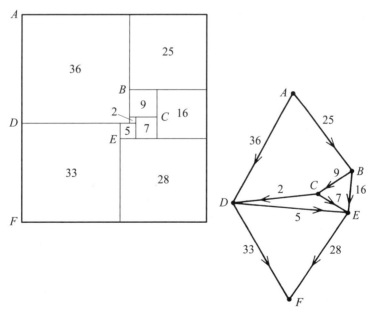

图7.4

流向代表较低水平线段的节点。

为方便起见,电网里代表矩形中较高和较低水平线段的节点可以分别称为正极和负极。

令人十分吃惊的是,按以上规则所分配的电流(把每段电线视为一个单位电阻)完全符合电网电流的基尔霍夫①定律。基尔霍夫第一定律指出,除极点处外,流经任何节点的所有电流的代数和为零。这就与下面这个事实吻合,即在已知水平线段下方的正方形边长之和与同一线段上方的正方形边长之和相等,当然这条线段不能是大矩形的两条水平边。基尔霍夫第二定律指出,任何回路中各段电压②的代数和为零。这就等于说,当我们描述某个回路时,其各段净对应的矩形水平高度的变化一定是零。

很明显,从正极进入电网或从负极离开电网的总电流与矩形的水平边长相等,而两极之间的电势差等于矩形的竖直边长。

这个电路模拟的发现对我们非常重要,因为它把我们的问题与一个确立的理论联系了起来。我们现在可以借用电网理论的原理,得到一个通用史密斯图形中的电流公式,以及与其对应的正方形组件的大小。这种借用的主要结果可以概述如下:不论哪一对节点被选作电极,每一个电网都会与一个根据网络结构计算出来的数字联系起来。我们把这个数字称为电网的复杂程度。如果我们选择适当的测量单位,以使矩形水平边长等于其复杂程度,那么正方形组件的边长就会全部是整数。此外,矩形的竖直边长等于通过将第一个网络的两极关联起来而得出的另一个网络的复杂程度。

本测量单位系统中,表示矩形边长和其正方形组件边长的数字被分别

① 基尔霍夫(Kirchhoff, 1824—1887),德国物理学家。——译者注

② 原文为currents(电流),似误。——译者注

称为该矩形的"完全"边长和"完全"元素。有些矩形的完全元素有大于1的公因数。不管怎样，除以那个公因数后就可以得出"约简"边长和元素。我们要讲的正是这些约简边长和元素。

这些结果暗示，如果两个方化矩形对应同样结构的电网（只是选的电极不同），那么它们的完全水平边长就相等。而且如果两个矩形的两极确定后得到的网络结构相同，那么两者的完全竖直边长就相等。这两个事实把我们碰到的所有"无法解释的重现"情况解释得一清二楚。

史密斯图形的发现简化了制作和分类简单方化矩形的步骤。可以轻而易举地把11段电线以内的所有可能的电网结构列出来，并对所有对应的方化矩形进行计算。我们接着发现，没有低于9阶的完美矩形，而9阶完美矩形只有2种（图7.1和图7.4）。10阶完美矩形有6种，11阶则有22种。尽管进展越来越慢，可这个系列还是向前延伸着，从12阶（67种简单完美矩形）进入了13阶。

设计出对应网络高度对称的完美矩形是种令人愉快的消遣。例如，我们尝试采用立方体形状的电网，把顶角看成节点，把边看作电线，却未能得出任何一个完美矩形。可是当我们用穿过某一个面的对角线把问题复杂化，并将其压成一个平面图以后，就得到了图7.5这个史密斯图形和图7.6那个对应的完美矩形。

这个矩形特别有意思，因为对一个13阶的完美矩形来说，其约简元素异乎寻常地小。这些完全元素的公因数是6。布鲁克斯非常喜欢这个矩形，用它制作了一副拼板玩具，每个拼块就是一个正方形组件。

正是在这个阶段，布鲁克斯的母亲为整个研究工作作出了关键的发现。她摆弄起了布鲁克斯的拼板玩具，最终成功地拼出了一个矩形。但它不是布鲁克斯原来切割开的那个方化矩形！布鲁克斯返回剑桥大学报告

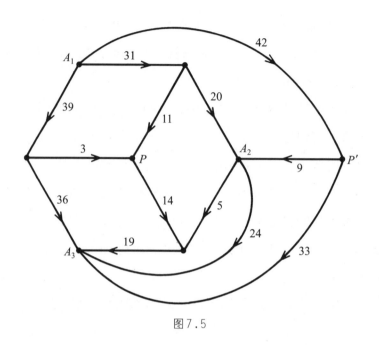

图 7.5

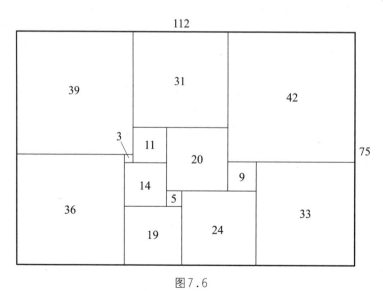

图 7.6

说,存在着约简边长与约简元素均相等的两种不同的完美矩形。这是一个极端的"无法解释的重现"!我们这些数学学会的"重要成员"立即召开了紧急会议。

我们有时曾想,两个不同的完美矩形是否会具有相同的形状。我们希望得到没有公共约简元素的两个这样的矩形,从而用图7.7所示的结构得出一个完美正方形,该示意图中的阴影部分代表两个完美矩形,然后加上两个不等的正方形,使之成为一个大的完美正方形。可迄今为止,在我们的系列里还未出现过形状相同的矩形,所以大家极不情愿地渐渐相信,这个现象是不可能发生的。布鲁克斯母亲的发现重新点燃了我们的希望,尽管她拼出的矩形并未满足没有公共约简元素的条件。

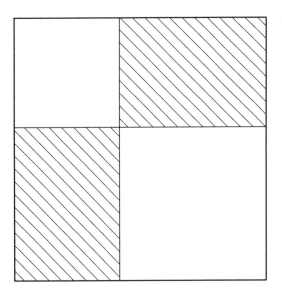

图7.7

紧急会议上大家激动地进行了讨论,最后,"重要成员"们冷静了下来,画出了这两个矩形的史密斯图形。只要稍加观察就可以清楚地看到它们

之间的联系。

第二个矩形及其史密斯图形见图7.8和图7.9。显然,把图7.5中网络的节点P和P'关联起来即可得出图7.9里的网络。由于图7.5中P和P'的电势恰好相同,所以这样的操作可使单段导线上的电流、总电流及两极间

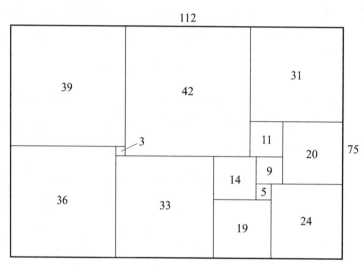

图7.8

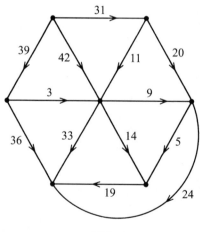

图7.9

的电势差不会发生任何变化。于是我们对两个矩形具有相同的约简边长与约简元素这一事实有了一个简单的电学原理解释。

可是,图7.5里的P和P'处为什么电势相等?在紧急会议结束前,我们对这个问题也得出了答案。其解释基于以下事实,即该网络可以分解成三个只在极点A_1、A_2和节点A_3处交汇的部分。其中第一部分只有一段联结A_2和A_3的导线,第二部分由三段交汇于P'点的导线组成,第三部分则由剩余的九段导线组成。第三部分具有以P为旋转中心的三重旋转对称性。此外,电流只从A_1、A_2和A_3三个点处流入或流出这部分电网,而这三个点在这种对称情况下是等效的。这就足以保证,无论A_1、A_2和A_3处的电势多大,P处的电势总是它们的平均值。同样的道理用于第二部分电网时,可以看出P'处的电势也一定是A_1、A_2和A_3处电势的平均值。因而,无论A_1、A_2和A_3处的电势多大,P和P'处的电势总是相等的。尤其是在A_1和A_2被当作整个网络的电极,并且A_3的电势根据基尔霍夫定律确定后,P和P'处的电势必定相等。

下一个飞跃是由笔者的偶然所得产生的。我们刚刚看到布鲁克斯母亲的发现可用对称网络的一个简单性质予以完全解释。我认为应该能够利用这个特性设计构造出其他具有相同约简元素的一对对完美矩形。我还不能够解释这样做会如何帮助我们构造出一个完美正方形,或帮我们证明其不可能性。可我认为先探索一下这些新想法的可能性,然后再放弃也不迟。

显然要干的事情是把图7.5里的第三部分网络用另一个对中心节点具有三重旋转对称性的网络代替。可是这项操作只能在严格限制的情况下进行,下面就解释一下。

可以看出,方化矩形的史密斯图形总是一个平面图形,也就是说,它总是可以被画在一个平面上,而且任何导线都不交叉。这个图形也总是可以画成使任何回路都不把两极分开的形式。还存在一个逆定理,即如果一个由单位电阻构成的电网能用这种方法被画在平面上的话,那它一定是某些方化矩形的史密斯图形。在本书中用大量的篇幅来严格证明这些定理显然不太合适。在当时它们甚至是不太精确的。四位研究人员直到开始准备发表论文时还没有对此做过严格的证明。

在进行一项数学研究的过程中,这样忽视其严密性通常是不可取的。例如,在证明四色定理的研究中,若是抱着这种态度就会(确实经常会)误大事。但我们的研究主要是实验性的,其实验结果是完美矩形。至少在目前,我们的方法是合理的,用这些方法构造出的矩形能说明这一点,尽管还没有准确地得出它们的原理。

让我们回到图7.5,并把第三部分用中心为P的新对称网络取代。用这种方法得出的整个网络不仅本身必须是平面图形,而且当把P和P'关联起来时也必须是平面图形。

经过几次尝试后,我得出了符合这些条件的两个密切关联的网络,其对应的史密斯图形见图7.10和图7.11。正如所期望的那样,每个图都可以把P和P'关联起来,因此就各产生了两个具有相同约简元素的方化矩形。不过这四个矩形具有相同的约简边长,这倒是很意外的。

从实质上讲,这个新发现就是图7.10和图7.11的对应矩形的形状相同,但它们的约简元素却不完全相同。很快就找到了一条简单的理论解释。这两个网络除选定的电极不同外,其余结构完全相同,因此这两个矩形的完全水平边长相等。而且当把各自的极点关联起来时,两个网络仍然等价,因此这两个矩形的竖直边长也相等。不过我们认为这种解释探究得不够深刻,因为它没有提到旋转对称性。

最后我们都同意把这种新现象称为"转子-定子"等价。它常常与一种能分解成"转子"和"定子"两个部分的网络联系在一起,该网络具有下列特点:转子部分具有旋转对称性,转子和定子共有的那些节点在转子的对称性下全部等价,而极点就是定子的节点。例如,图7.10里的定子是由联结

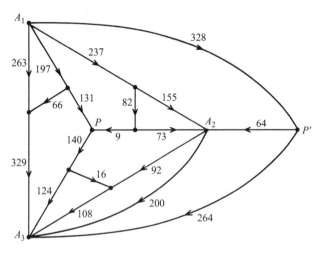

图7.10

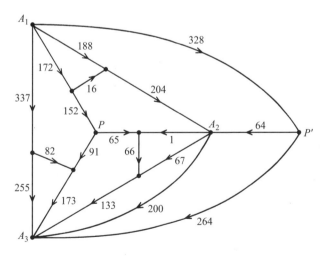

图7.11

P' 与 A_1、A_2 和 A_3 的三段导线及联结 A_2 与 A_3 的那段导线组成的。通过"逆转"那个转子，就可以得出第二个网络。这可以用一幅恰当的示意图解释为穿过其中心的转子的镜射。于是，从图7.10开始，我们可以通过把线段 PA_3 中的转子作镜射而得出图7.11的网络。

研究了几个转子-定子等价的实例以后，研究人员才相信，逆转转子并不影响矩形的完全边长，也不影响定子导线上的电流。但是转子导线上的电流也许会改变。对这些结果的令人满意的证明是在较后面的阶段才得出的。

转子-定子等价被证明与布鲁克斯母亲发现的现象没有很紧密的关系。它只是另外一个与具有旋转对称性部分的网络有关的东西。对我们来说，布鲁克斯母亲的发现之所以重要，是因为它引导我们对这种网络进行了研究。

一个逗弄人的问题出现了：在一对具有转子-定子的完美矩形里，公共元素的最小可能数是多少？图7.10和图7.11对应的矩形有7个公共元素，其中3个与转子里的电流对应。这个转子加上由 $A_2\ A_3$ 这根单导线组成的定子能得出具有4个公共元素的16阶完美矩形。使用一个单导线的定子时，似乎没有理论根据可以说明为什么我们不能得出这样一对完美矩形，它们只有一个与公有定子对应的公共元素。但我们发现，如果能得出这样一对完美矩形，也就能得出一个完美正方形了。因为在我们所研究的三重对称转子里，一个单导线定子往往代表着每个相应矩形角上的那个正方形组件。由两个仅仅共用一个角上的正方形组件的完美矩形，我们可以寄希望于得出一个如图7.12所示的那种结构的完美正方形。这里的阴影区域代表这样的两个矩形。重叠处的那个正方形就是角上的公共元素。

自然而然，我们开始着手计算转子-定子对。我们把转子设计得尽可

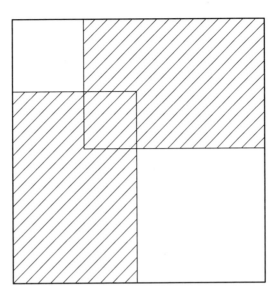

图7.12

能简单,一方面为了节省人工,另一方面希望得出一个约简元素较小的完美正方形。但一个接一个结构都因转子里存在公共元素而以失败告终,我们也渐渐开始泄气了。难道还有什么理论上的障碍仍需要探索突破?

我们中的一些人想到,也许是我们设计的转子太简单了。复杂点的东西也许要好一些。涉及的数字大一点,偶然一致的可能性则会减少。于是,史密斯和斯通坐下来计算一个复杂的转子-定子对,而对他们的工作一无所知的布鲁克斯也在学院的另一个地方钻研另一个同样的问题。几小时后,史密斯和斯通高兴地冲进布鲁克斯的房间喊道:"我俩得出了一个完美正方形!"布鲁克斯回答道:"我也得出了一个!"

这两个正方形都是69阶的。不过布鲁克斯继续用更简单的转子进行试验,并得出了一个39阶完美正方形,与图7.13里的转子相对应。下列公式提供了一条简明的描述:

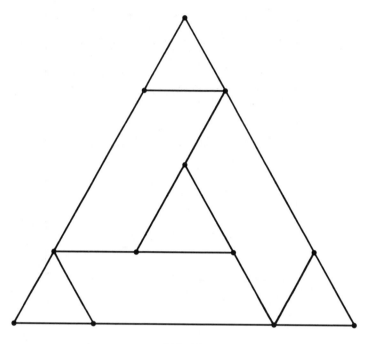

图 7.13

[2378, 1163, 1098], [65, 1033], [737, 491], [249, 242], [7, 235], [478, 259], [256], [324, 944], [219, 296], [1030, 829, 519, 697], [620], [341, 178], [163, 712, 1564], [201, 440, 157, 31], [126, 409], [283], [1231], [992, 140], [852]。

在这个公式里,每对括号代表完美正方形的各细分图形中的水平线段。这些线段是按竖直顺序选取的,从正方形上面的水平边开始,下面的水平边省略。每对括号里的数字是上面的水平边在对应线段内的正方形组件的边长。它们是按从左到右的顺序列出的。完美正方形的约简边长是第一对括号里的数字之和,即4639。

我们上面使用的记法来自鲍坎普(C. J. Bouwkamp)。他在其发表的简单方化矩形列表(到13阶)中使用了这个记法。

　　这确实给我们这个特别小组解决完美正方形这一难题的故事画上了完美的句号。然而我们对这个问题的研究仍未结束，这是真的。用转子-定子法得出的所有完美正方形都具有一些我们认为是缺点的特性。其中的每一个都包含一个更小的完美矩形，也就是说，不是简单完美正方形。每一个图形中都有一个四个正方形组件交汇的点，也就是说，存在"交叉"。最后，每一个图形中都包含一个这样的正方形组件，它不在四个角上，但却可以被整个图形的对角线二等分。采用一种改进的转子理论，我们能够得出没有前两个缺点的完美正方形。几年后，用另外一种完全不同的对称方法，我得出了一个没有以上所有三个缺点的69阶完美正方形。不过，对这些工作感兴趣的读者只能去查阅我们的论文了。

　　在探索完美正方形的过程中还有另外三个小插曲值得提一下，尽管每一个插曲看起来都可以算作一个不那么精彩的结局。

　　起初，我们一直在添加13阶的简单完美矩形。接着有一天，我们发现这些矩形里有两个具有相同形状且没有公共元素。这就得出了图7.7那种结构的28阶完美正方形。后来我们发现一个13阶完美矩形，它可以与一个12阶完美矩形及另外的一个正方形组件合起来构成一个26阶完美正方形。如果完美正方形的价值是由它的阶数有多低来衡量的话，那就证明对完美矩形编目录的经验方法比我们那漂亮的理论方法优越得多。

　　其他的研究人员用经验方法取得了惊人的结果。柏林的斯普拉格(R. Sprague)用一种极其绝妙的方法把很多完美矩形拼在一起构成了一个55阶完美正方形。这是最早发表的完美正方形(发表于1939年)。布里斯托尔的威尔科克斯(T. H. Willcocks)并没有把他的研究对象限制在简单和完美的方化矩形上，他最近得出了一个24阶完美正方形(见图7.14)。其公式如下：[55, 39, 81]，[16, 9, 14]，[4, 5]，[3, 1]，[20]，[56, 18]，

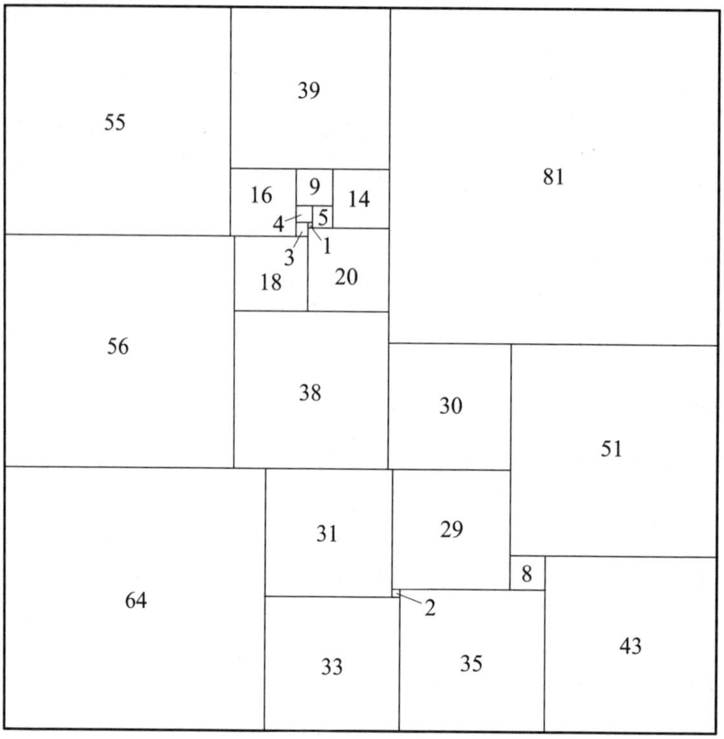

图7.14

[38],[30，51],[64，31，29],[8，43],[2，35],[33]。这个完美正方形仍然
保持着阶数最低的纪录。

与理论方法不同的是,用经验方法仍未能得出任何一个简单完美正
方形。

如果有读者喜欢自己动手琢磨一下完美矩形,这里有两个未解决的问
题。第一个是确定完美正方形最低的可能阶数。第二个是找出一个其水
平边长是竖直边长两倍的简单完美矩形。

W. T. 塔特

补　遗

1960年，鲍坎普发表了一个直到15阶的所有简单方化矩形（即不包含更小的方化矩形的那种）的目录。借助于IBM-650型计算机，鲍坎普和同事们列出了下面的结果：

矩形的阶数	9	10	11	12	13	14	15
不完美矩形种数	1	0	0	9	34	104	283
完美矩形种数	2	6	22	67	213	744	2609

不完美简单方化矩形指的是至少含有两个相同尺寸正方形组件的矩形。完美简单方化矩形则是指其所含的正方形组件各不相同的矩形。到15阶为止，简单方化矩形共有4094种。有趣的是，10阶和11阶的简单方化矩形中没有一个是不完美的。唯一的那个9阶不完美简单方化矩形的公式是：[6,4,5]，[3,1]，[6]，[5,1]，[4]。这个矩形具有可爱的对称性，可制成理想的儿童拼板玩具。

萨姆·劳埃德和亨利·杜德尼的趣题书中出现过几种方化矩形，但是没有一种是简单的或是完美的。斯坦豪斯的《数学万花筒》和克赖切克的《数学游戏》中都描述了一个26阶的完美（但不是简单的）方化正方形。据我所知，行销的拼板玩具中还没有一种是方化矩形的。加利福尼亚州阿灵顿市的读者斯平德勒（William C. Spindler）给我寄来一张照片，上面是他自己建造的一个矩形小院子，由19块正方形水泥预制块构成，块与块之间嵌着两英寸宽的红杉木条。

现已发表的资料中，最小的既简单又完美的正方形是布鲁克斯发现的边长为4920的38阶正方形。1959年，这个纪录被英国布里斯托尔的威尔科克斯

发现的边长为1947的37阶正方形刷新了。能不能把一个正方体切割成有限多个彼此不等的小立方体呢？不能。"重要成员"们在参考资料的第四个条目中给出了下列漂亮的证明：

如果你面前的桌上放着一个被切割成两两不等的小立方块的一个大立方体。该立方体的底面当然会是一个方化正方形。这个正方形内会有一个最小的正方形。不难看出，这个最小的正方形不会与立方体底面上的大正方形的某条边接触。因而，桌面上的这个最小的立方块（我们称之为甲）必定被其他立方体包围着。包围甲的立方体没有一个比它小，因而甲会被竖立于其上方的"墙壁"包围。在甲的上面只能放更小一些的立方块，它们在甲的上表面形成一个方化正方形。在这个方化正方形内又会有一个最小的正方形，与之对应的立方块（我们称之为乙）就是直接放在甲上面的最小的立方块。

同样需要一个最小立方块丙放在乙上。于是我们面对的是越来越小的立方块的无限回归，恰如斯威夫特（Dean Swift）那脍炙人口的诗句中的跳蚤，总有更小的跳蚤在咬它们，如此以至无穷。因此，没有一个立方体可以被切割成有限多个尺寸各异的小立方体。

四维超立方体的"面"就是立方体。如果一个超立方体可以被超立方切割的话，其面将会是立方化立方体。而这是不可能做到的，因而超立方体是无法被超立方切割的。同样原因，五维立方体是无法切割成尺寸各异的小五维立方体的。依此类推到更高维数的立方体，它们全都不能被切割成更小的同维数的尺寸各异的小立方体。

无穷大阶完美方化矩形的一个例子，可参见本系列的《迷宫与黄金分割》中第8章图8.4。

第 8 章
器具型趣题

与纸笔类趣题不同,器具型趣题需要一些必须动手操作的特别装置。这类装置也许只不过是几块硬纸板,也可能是木料或金属材料制作的为一般工匠所无法仿制的结构。从数学角度看,玩具和新奇物品商店出售的器具型趣题成品往往极为有趣,因而有时会被学趣味数学的学生所收藏。据我所知,藏品最多的人是格兰姆斯(Lester A. Grimes),他是纽约州新罗谢尔市的退休消防工程师。(收藏量略低,但大多数藏品是19世纪的玩意和古代中国趣题的收藏者是安大略省贝尔维尔的兰塞姆(Thomas Ransom)。)格兰姆斯收藏了多达2000种不同类型的趣题(见图8.1),其中有很多极为罕见。下面要讲的内容主要基于他的那些藏品。

没有任何关于这类趣题的文字历史,但最早的器具型趣题无疑是古代中国的七巧板(Tangram)游戏。这种"灵巧的七件拼板图",是一种流行了几千年的东方娱乐活动。19世纪初它开始流行于西方,据说当时正被流放的拿破仑就用一套七巧板来消磨时光。Tangram这个七巧板的英文名称(中国人不知道这个名称)似乎是由一位没留下姓名的美国或英国玩具制造商在19世纪中叶起的。有很多七巧板图案方面的书籍出版,其中一本小册子由著名美国趣题专家萨姆·劳埃德所著,被收藏家们奉为至宝。

类似于七巧板的分割趣题游戏不时地冒出来(古希腊人和古罗马人就

图8.1 纽约州新罗谢尔市的格兰姆斯及其2000种器具型趣题的一部分

曾用一个分割成14块的矩形来做游戏取乐,这是阿基米德的发明),但是只有七巧板保留了下来,而其他的却没有。要弄清为何如此,你只需用一块正方形的硬纸板剪出一套七巧板组件,然后尝试用技巧解几个七巧板趣题或设计出一些新的图样就会明白了。图8.2显示了剪裁的方法。你应当把长菱形的那块两面均涂成黑色,以便需要时翻过来用。每个图样里必须把七个小块全都用上。只有拼那些几何图形时才需要费些力气。大量的图形轮廓附在后面,以展示七巧板能达到的优美效果。

这类简单的分割趣题不时地会引出一些极不平凡的数学问题。例如,你想要找出所有不同的用这七个小块能拼成的凸多边形(没有一个外角小

图8.2(a)　中国七巧板(左上角)及用这七个小块可以拼成的一些图形

于180度的多边形)。你也许通过漫长的摸索试拼能找出它们来,可是怎么才能证明你确实已经把所有的凸多边形全找出来了呢?浙江大学的两位数学家王福春和熊全治于1942年发表了一篇论文讨论了这个问题。他们的方法精巧至极。较大的五个小块都可以被分割成与较小的两小块全等的等腰直角三角形,这样,七个小块总共由16个大小一致的等腰直角三角形组成。经过一系列精辟的论证后,这两位中国学者证明,用16个这样的三角形可以拼出20种不同的凸多边形(不计旋转和镜射)。随后就不难证明,这20种多边形里正好有13种是七巧板图案。

图8.2(b) 七巧板可以拼成的一些图形

这13种可能的七巧板图案中,有1个三角形,6个四边形,2个五边形,4个六边形。那个三角形和3种四边形已显示在示意图里。要找到其他9种是件有趣的事情,但并不简单。它们中的每一种都有不止一个拼法,不过有一个六边形比其余12种图形要难拼得多。

另一类流行的器具型趣题(其中有些花样已有好几百年历史),是用筹码或小木桩在棋盘上按规定移动,以取得某种特定结果。这种类型中最精致的趣题之一绘在图8.3里,它在维多利亚时代的英国广为行销。该趣题的目标是以最少的步数把黑白小木桩互调位置。每一步的走法可以是以下两者之一：(1)从一个方格跳到相邻的空格；(2)越过一个相邻方格里的小木桩跳到一个空格。一个小木桩既可以跳过同色的小木桩，也可以跳过不同色的小木桩。每一步移动都采用"车"的方式，不能走对角线。大多数趣题书给出的解法都是52步，可是英国趣味数学家亨利·杜德尼发现了一种只有46步的巧妙解法。解谜时，可以在示意图里的小木桩上放上小筹码来代替，并给棋盘的方格标上号以便记录答案。

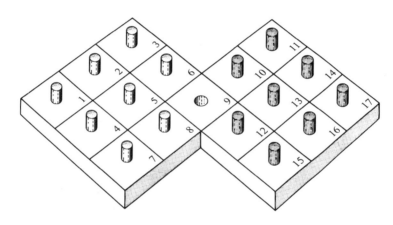

图8.3　怎样以最少的步数把黑白小木桩互调位置

这一个和前面那个趣题之所以被挑选出来，是因为读者可以毫不费力地制作它们。而格兰姆斯收藏的物件里，大多数是难以制作的。由于要领会它们就得动手操作，我在此仅对不同种类做简单介绍。这里有机关盒、魔力钱包及其他一些用极隐蔽的办法才能打开的容器，有成百上千个待拆解的古怪绕线趣题，有由分散小块组成且巧妙地相互扣住的银手镯和戒指，有不能剪也不能拆而要从物体上取下来的绳索，有带玻璃罩的灵巧装置(内装一些得靠摇动或转动才能弄到指定位置的小玩意)，有要从杆上取下的圆环，有直立起来的鸡蛋，有三维迷宫，有中国的木制套件游戏，有移动筹码或滑动积木的玩意,还有成百上千个无法分类的东西。这些玩具是谁发明的?要探寻它们的起源是个不可能完成的任务。大多数情况下我们甚至不知道它发源于哪个国家。

有一个令人愉快的例外。格兰姆斯的收藏品中有一个专门的部分是由弗吉尼亚州法姆维尔市退休兽医惠特克(L. D. Whitaker)发明和构造的大约200个非凡趣题。它们都是(惠特克)用上等木料(在地下车间)制作成的,其中很多极为复杂,简直是鬼斧神工。有一类典型的趣题是一只顶部有个开口的盒子,把一颗钢珠从开口处扔进去,目标是把它从盒子侧壁上的一个洞里弄出来。解谜的人可以用任何办法来摆弄它,只要保证不把盒子弄坏或拆散就行。想让钢珠从暗道里滚出来,仅靠倾斜盒子是远远不够的。得用特定的方式敲盒子,把一些障碍物移走。另一些障碍物得通过使用磁铁或从小孔里吹气来让它们移动。装在里面的磁铁会吸引钢珠,并把它留住。可你并不知晓这一切,因为里面有很多以假乱真的钢珠,听起来乒乓作响。盒子的外壁上可能有各式各样的轮子、杠杆和活塞。有些机关只有按一定方式摆弄才能让钢珠从盒子里通过,有些机关只起迷惑作用。在某些时刻还必需在一个不显眼的小孔处推进去一根大头针。

在好几年时间里,格兰姆斯和惠特克两人约定,每隔一定时间格兰姆斯将收到一个新玩意。如果他在一个月内能解开它,就可以免费拥有它,要不然就得掏钱了。有时这种挑战还附有很高的赌注。曾有一次,格兰姆斯琢磨了将近一年也没有把惠特克的趣题解开。他已用小指南针找出了所有暗藏的磁铁,又用弯铁丝仔细探测过所有的孔洞。他遇到的瓶颈是得把一个活塞往里推,可是显然有一些钢珠在里面挡着。格兰姆斯准确地推断出,要把这些钢珠滚到旁边去才能解决问题,可动手干时一次也没有成功。最后他借助X射线,才解开了这个谜(见图8.4)。片子揭示出里面有个大洞,得把那四颗钢珠弄进去,还有一个较小的洞,用来调动第五颗钢珠。当把这五颗钢珠全弄走后,活塞就可以被推进去了。

后面的步骤就没那么难了,尽管有个地方需要用到三只手。当左右两只手按住某些特定地方时,得把连在一根强弹簧上的另一个活塞拉出来。格兰姆斯最后通过把线绳的一头系在活塞上,把另一头系在脚上,才解决了这个问题!

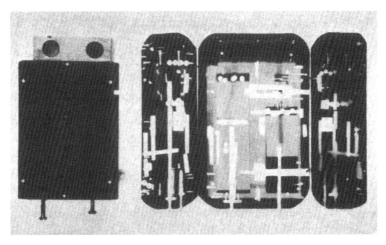

图8.4 为了解开左边那个趣题并留下它,格兰姆斯不得不借助X射线

答　案

这13种可能的凸多边形中,通常最难找的那个六边形七巧板图案绘在图8.5里。除了两个阴影小块可以互换位置外,解答是唯一的。

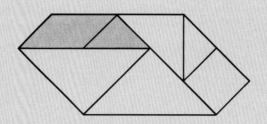

图8.5 难以捉摸的多边形

跳木桩游戏可用以下46步完成：10-8-7-9-12-6-3-9-15-16-10-8-9-11-14-12-6-5-8-2-1-7-9-11-17-16-10-13-12-6-4-7-9-10-8-2-3-9-15-12-6-9-11-10-8-9。走到一半时,黑白两种小木桩在棋盘上形成一个对称图案,以后只需按前半部分的步骤倒走即可。

很多读者寄来了其他别致新颖的46步解法。纽约州斯克内克塔迪市的劳森(James R. Lawson,14岁)发现共有48种本质上不同的46步解法。巴尔的摩市的小邓宁(Charles A. Dunning, Jr.)和西雅图市的医学博士F. B. 埃克斯纳(F. B. Exner)寄来论证说明,46步确实是最少步数。

第 9 章
概率与歧义

皮尔斯①曾注意到,数学的任何其他分支都没有概率论那样会使专家们出错。历史证实了这一点。莱布尼茨②认为,用一对骰子掷出12点与掷出11点一样容易。伟大的18世纪法国数学家达朗贝尔③就不明白把一枚硬币连掷三次与把三枚硬币掷一次的结果一样,他相信(很多赌场上的生手也一直相信)掷出一连串正面后,出现反面的可能性会更大。

今天,概率论给这类简单问题提供了清晰的并不模棱两可的答案,但是要求对试验程序作出精确的限定。很多涉及概率的趣味题目正是由于缺少这种限定而引起混乱。有一个经典的例子是折树枝问题。如果把一根树枝随便折成三段,这三段能构成一个三角形的概率是多少? 不附加说明折树枝的确切方法,这个问题是无法回答的。

一种办法是分别随机选取均匀分布在树枝上的点中的两个点,并在这两个点处折断。如果采用这种办法,答案将是 $\frac{1}{4}$,且只要借助一个几何图

① 皮尔斯(Charles Sanders Peirce, 1839—1914),美国哲学家、逻辑学家、数学家。——译者注

② 莱布尼茨(Leibniz, 1646—1716),德国哲学家、数学家。——译者注

③ 达朗贝尔(Jean le Rond d'Alembert, 1717—1783),法国数学家、哲学家。——译者注

形就可以巧妙地证明它。我们画一个等边三角形,把三条边的中点连起来形成中间那个带阴影的小等边三角形(见图9.1)。如果在大三角形内任取一点,并向三条边画垂线,这三条垂线的和是常数,等于大三角形的高。当选取的这个点如A点是在阴影三角形**里面**,则三条垂线段中的任何一条的长度不会大于另外两条之和。因此这三条线段就能构成一个三角形。相反,如果选取的这个点如B点是在阴影三角形**外面**,则垂线段中必有一条的长度大于另外两条之和,因此这三条线段就无法构成一个三角形。

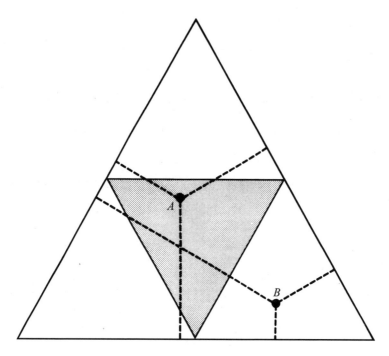

图9.1　如果一根树枝被折成三段,它们能构成一个三角形的概率是$\frac{1}{4}$

现在我们对折树枝问题有了一个很巧妙的几何比拟。三条垂线段的长度之和相当于树枝的长度。大三角形中的各个点代表折树枝的独特方法,三条垂线段相当于折断的三段树枝。以符合要求的方式折树枝的概率与在三角形内任取一点后发现三条垂线段能构成一个三角形的概率相同。如前所述,这只发生在该点取在阴影三角形内部时。因为这部分面积占总面积的四分之一,所以其概率就是 $\frac{1}{4}$。

然而,假设我们用另一种不同的方式解释"把一根树枝随便折成三段"。我们先把树枝在任意一点处折断,在两段树枝中任取一段,再把它随便折成两段。它们能构成一个三角形的概率是多少?

还是同一幅图给我们提供了答案。第一次把树枝折成两段后,如果拣短的那段再折,就不可能拼出一个三角形。如果拣长的那段再折会怎么样呢? 以图中的竖直垂线段代表较短的那段树枝。为使这条线段的长度小于另两条线段之和,三条垂线的交点就不能落在图形顶端的那个小三角形里,而要均匀地分布在下面那三个三角形里。阴影三角形仍然代表符合要求的交点区域,但它现在只占所考虑范围的三分之一。因而,把较长的那段树枝再折成两段时,三段树枝能构成一个三角形的概率为 $\frac{1}{3}$。由于拣起较长的那段树枝的概率是 $\frac{1}{2}$,原题答案就是 $\frac{1}{2}$ 与 $\frac{1}{3}$ 的积,即 $\frac{1}{6}$。

使用此类几何图形时要非常小心,因为它们也会有歧义的情况。例如,考虑一下贝特朗(Joseph Bertrand)在19世纪有关概率的知名法语著作中讨论的那个问题。在圆内任意画一条弦,该弦长大于圆内接等边三角形边长的概率是多少?

我们可以这样解答。弦必须在圆周上某一点处开始,我们称该点为 A。在 A 点处画一条切线,如图9.2上方的示意图。弦的另一端会均匀地落在圆周上,形成无数条等可能的弦,其中的一些示例在图中用虚线表示。很清楚,只有那些穿过三角形的弦的长度,才会大于三角形的边长。由于三角形在 A 点的角是60度,而所有可能的弦都在180度范围内,所以画出一

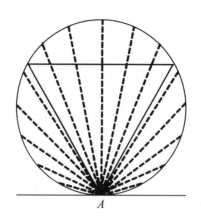

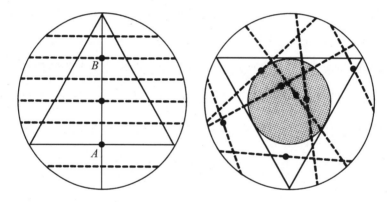

图 9.2　圆内任意弦的弦长大于圆内接等边三角形边长的概率分别被证明是 $\frac{1}{3}$（上），$\frac{1}{2}$（左下），$\frac{1}{4}$（右下）

条大于三角形边长的弦的概率应该是 $\frac{60}{180}$ 或 $\frac{1}{3}$。

现在我们用略微不同的一种方法来对付这同一个问题。我们所画的弦必须与圆的某条直径垂直。我们先画出这条直径,然后照图 9.2 左下方的示意图加上个三角形。所有垂直于这条直径的弦都会经过在直径上均匀分布的某个点。其中的一些示例在图中用虚线表示。不难证明,从圆心到 A 点的距离是半径的一半。设 B 表示直径另一半的中点。这样就能很容易地看出,只有穿过 A 与 B 之间这段直径的弦的长度才会大于三角形的边长。由于 AB 是直径的一半,我们得出的答案就是 $\frac{1}{2}$。

下面是第三种办法。弦的中点将均匀地分布在圆内的所有地方。只要仔细研究一下图 9.2 右下方的示意图,就会确信只有那些中点落在中心那个小阴影圆内的弦的长度才会大于三角形的边长。小圆的面积正好是大圆面积的四分之一,于是我们现在的答案是 $\frac{1}{4}$。

这三种答案到底哪一种是对的? 都对! 它们分别与某种画任意弦的特定机械过程相对应。这三种机械过程举例如下:

(1) 两根指针一端被固定在圆心上,各自独立地旋转。我们转动指针,标记它们停止转动时另一端的位置,把两个点用直线相连。这条线所在的弦的长度大于圆内接等边三角形边长的概率是 $\frac{1}{3}$。

(2) 用粉笔在人行道上画一个大圆,从 50 英尺外把扫帚柄朝圆所在的地方滚,直到它停在圆内的某个位置上。扫帚柄所在的弦的长度大于圆内接等边三角形边长的概率是 $\frac{1}{2}$。

(3) 我们用糖浆涂一个圆,等一只苍蝇飞落到上面,然后以苍蝇为中心画弦。画出的弦的长度大于圆内接等边三角形边长的概率是 $\frac{1}{4}$。

这些办法中的每一种都是获得"任意弦"的正当办法。因而这道原题的陈述是有歧义的。如果没有把"任意画一条弦"的画法进行确切的描述,这个问题就没有答案。很明显,大多数人被要求任意画一条弦时,并不会采用类似这三种方法里的任何一种。阿拉巴马大学心理学教授莱西(Oliver L. Lacey)在一篇未发表的题为"人体组织如同随机机制"(The Human Organism as a Random Mechanism)的论文里写道,他进行的一项测试表明,测试对象画出大于圆内接等边三角形边长的弦的概率远大于$\frac{1}{2}$。

未能明确说明随机化的过程而产生歧义情况的另一个例子是第4章的问题2。读者知道史密斯先生有两个孩子,其中至少有一个是男孩,要算出两个孩子全是男孩的概率。很多读者正确地指出,答案取决于"至少有一个是男孩"这条信息是如何得到的。从所有有两个孩子,且其中至少有一个是男孩的家庭里任意选出一个家庭的话,答案是$\frac{1}{3}$。但还有另一个选取方法与原题的讲法完全相符。从有两个孩子的家庭里任意选一个家庭。如果两个都是男孩,就说"至少有一个是男孩";如果两个均为女孩,就说"至少有一个是女孩";如果是一男一女,就随便选一个孩子说"至少有一个是……",即把那个孩子的性别说出来。按**这个**方法进行时,很清楚两个孩子是同样性别的概率是$\frac{1}{2}$。(不难理解,以下四种情况——男—男、男—女、女—男、女—女——各有一句话可说,其中有一半情况孩子的性别一样。)最近一本权威性的大学现代数学教科书里就收录了这道题目,是以无法解答的形式出现的。这就表明,这种歧义现象往往被数学权威所忽视。

一个极为令人费解的关于三个囚犯和一个典狱长的小问题正被广为流传,这个问题更加难以准确表达。三个男性囚犯甲、乙、丙被分别关在单间死牢里等待处决,突然州长决定赦免其中一人。他把三个囚犯的名字写在三张纸条上,放在帽子里摇了摇,取出一张,然后打电话通知典狱长,并要求他把那个幸运者的名字保密几天时间。小道消息传到囚犯甲那里。当典狱长早上巡视时,甲想说服典狱长告诉他是谁得到了赦免。典狱长不肯回答。

"那请你告诉我,"甲说道,"另外两个要处决的其中一个的名字。如果乙被赦免,说出丙的名字。如果丙被赦免,就说出乙的名字。如果被赦免的是我,掷枚硬币看看该说乙还是该说丙。"

"可是如果你看见我掷硬币,"谨慎的典狱长答道,"你就会知道被赦免的是你。如果你看见我不掷硬币,就知道要么是你,要么是我没说出的那个人。"

"那就不要现在说,"甲答道,"明天早上告诉我吧。"

典狱长不懂概率论,他当晚好好想了想,认为就算按甲建议的方法做,也无法让甲推出自己的幸免概率。于是,他第二天早上告诉甲,乙将被处决。

典狱长走后,囚犯甲暗暗嘲笑他的愚蠢。现在在这个问题的"样本空间"(数学家喜欢这么说)里,只剩下两个等可能性的元素了。被赦免的要么是丙,要么是他自己,因而按所有的条件概率法则推断,他的幸免概率由 $\frac{1}{3}$ 上升到了 $\frac{1}{2}$。

典狱长并不知道囚犯甲可以用在水管上敲暗号的方式与邻囚室的囚犯丙交流。这回甲仍用此法把他和典狱长之间所说的话全告诉了丙。丙听到消息后同样欣喜若狂,因为按与甲使用的同样推理法,他算得他自己的幸免概率也上升到了 $\frac{1}{2}$。

这两个人的推理正确吗?如果不正确,那他们应该怎样计算各自被赦免的概率?

补 遗

在写折树枝问题的第二种解释方式时,我无法方便地找到一个更好的示意图来说明专家们往往容易在概率计算上犯错误,以及单纯依靠几何图形有多么危险。我的解法取自惠特沃思(William A. Whitworth)的《选择与机会中的

DCC练习》(*DCC Exercises in Choice and Chance*)一书的第667个问题。同样的答案在其他许多较早的概率教科书里也有。完全错了！

该问题的第一种解释方式是同时选定树枝上的两个点来折,图中代表选定点的点均匀地分布在大三角形上,这能让我们通过把各部分面积作比较从而得出正确答案。第二种解释方式是先把树枝折为两段,然后把较长的那段再折为两段。惠特沃思假定图中的那些点均匀地分布在下面那三个小三角形上,可实际上并不是。中间那个三角形上的点比另外两个三角形上的要多。

设树枝长度为1,折成两段后较短的那段长度为x。要得出能构成三角形的三段,就得把较长的那段(长度为$1-x$)折断。因而构成三角形的概率是$\frac{x}{1-x}$。现在把从0到$\frac{1}{2}$的x的所有取值取平均,得出这个式子的值,其结果是$-1+2\ln 2$,或0.386。由于把较长的那段拿起来再折的概率是$\frac{1}{2}$,我们将0.386乘以$\frac{1}{2}$得出答案是0.193。这比惠特沃思推出的$\frac{1}{6}$稍大一些。

大批读者寄来了对本题的分析,条理非常清晰。在上面的概述中,我采用的是纽约州宾厄姆顿市的马库斯(Mitchell P. Marcus)寄来的解法。

提供类似解答的还有亚当斯(Edward Adams)、格罗斯曼(Howard Gross-man)、詹姆斯(Robert C. James)、林奇(Gerald R. Lynch)、巴赫(G. Bach)与夏普(R. Sharp)、纳夫(David Knaff)、格施温德(Norman Geschwind),以及雷德赫弗(Raymond M. Redheffer)。加利福尼亚大学的雷德赫弗教授是《物理学与现代工程中的数学》(*Mathematics of Physics and Modern Engineering*,McGraw-Hill,1958年)一书的作者之一(另一位作者是索科利尼科夫(Ivan S. Sokolnikoff)),在该书第636页可以找到对本题的完整讨论。第一种解释方式的其他解法参见1959年多佛尔出版的格雷厄姆(L. A. Graham)所著的《巧妙的数学问题与方法》(*Ingenious Mathematical Problems and Methods*)一书的第32题。

新泽西州普林斯顿教育测试中心的克林(Frederick R. Kling)、罗斯(John

Ross)和克利夫(Norman Cliff)也寄来了该题第二种解释方式的正确解答。在信的末尾他们问道,下面三个假设哪个可能性最大?

1. 加德纳先生的确弄错了。

2. 加德纳先生故意弄错来测试读者。

3. 加德纳对数学界认为他与达朗贝尔齐名的看法感到内疚。

答案:第三个。

答　案

三个囚犯问题的答案:甲被赦免的概率是 $\frac{1}{3}$,丙被赦免的概率是 $\frac{2}{3}$。

无论谁得到赦免,典狱长都可以对甲说出一个除甲以外要被处决的人名。因而,典狱长所讲的话对甲的幸免概率无任何影响,他的幸免概率仍然是 $\frac{1}{3}$。

这个情形与下面的扑克游戏类似。两张黑牌(代表死亡)和一张红牌(代表赦免)被洗过后发给三个人:甲、乙、丙(囚犯)。如果第四个人(典狱长)把这三张牌全看过后,把属于乙或丙的那张黑牌翻了过来,剩下的两张牌里红牌属于甲的概率是多少?人们往往会认为是 $\frac{1}{2}$,因为只有两张牌向下扣着,其中一张是红牌。但是,由于乙和丙中总有一张是黑牌,把它翻过来,对赌甲的牌颜色不提供任何有用的信息。

如果把这种情形夸大到用一副扑克中的黑桃 A 来代表死亡，就不难理解了。把牌全摊开，让甲从中抽一张，这时他的幸免概率是 $\frac{51}{52}$。假如现在有人把余下的牌全看过，然后把不含黑桃 A 的 50 张牌翻了过来。只留下两张牌扣着，其中一张肯定是黑桃 A，但这显然并不能把甲的幸免概率降到 $\frac{1}{2}$。这是因为如果有人把 51 张牌全看过，总是可以找出 50 张不包括黑桃 A 的牌。因而，找出它们并翻过来并不影响甲的概率。当然，如果把 50 张牌随机翻出来，而碰巧里面都没有黑桃 A，那么甲抽到的是死牌的概率就**确实**上升到 $\frac{1}{2}$ 了。

囚犯丙的情况怎么样呢？因为或甲或丙得被处决，他俩各自的幸免概率必须加起来是 1。甲的幸免概率是 $\frac{1}{3}$，因此丙的幸免概率是 $\frac{2}{3}$。这可以用我们样本空间里的四个可能的元素及它们各自的初始概率来证明：

1. 丙被赦免，典狱长说出乙的名字（概率 $\frac{1}{3}$）。

2. 乙被赦免，典狱长说出丙的名字（概率 $\frac{1}{3}$）。

3. 甲被赦免，典狱长说出乙的名字（概率 $\frac{1}{6}$）。

4. 甲被赦免，典狱长说出丙的名字（概率 $\frac{1}{6}$）。

在第 3 和第 4 种情况下，甲被赦免，他的幸免概率是 $\frac{1}{3}$。当知道乙必死无疑时,只有第1和第3两种情况合适。第一种情况出现的概率是 $\frac{1}{3}$,是第3种情况出现概率 $\left(\frac{1}{6}\right)$ 的两倍,因而丙的幸免概率是2比1,或者说是 $\frac{2}{3}$。在扑克游戏里,这意味着红牌属于丙的概率是 $\frac{2}{3}$。

有关三个囚犯问题的读者来信不胜枚举,有表示一致看法的,也有提出不同意见的。幸好,所有的反对意见经证明都站不住脚。康涅狄格州东港市的希拉·毕晓普(Sheila Bishop)寄来了经过一番深思熟虑的分析:

先生们:

在下列似是而非的情况下,我原来得出的结论是甲的推理有误。假设囚犯甲和典狱长的对话不变。但现在又假设典狱长正要去往甲的死牢告诉他乙将被处决时不慎掉进了下水道检修孔,或由于其他什么原因未能送出这则信息。

甲于是可以这样推理:"假设他要告诉我囚犯乙将被处决。那么我的幸免概率就会是 $\frac{1}{2}$。相反,如果他要告诉我囚犯丙将被处决,那我的幸免概率仍将是 $\frac{1}{2}$。现在有一点可以肯定:他要告诉我的是这两件事中的一件。因此,不管怎样,我的幸免概率必然是 $\frac{1}{2}$。"照这个思路推理的话,就可以看出,甲不用问典狱长一句话就可以算出自己的幸免概率是 $\frac{1}{2}$!

过了几个小时,我最终得出了这个结论:考虑多个处于这种情况的三囚犯小组,让每个三人组里的甲与典狱长谈话。如果共有 $3n$ 个三人组,其中 n 个组里的甲将被赦免,n 个组里的乙将被赦免,n 个组里的丙将被赦免。有 $\frac{3n}{2}$ 种情况典狱长会说"乙将被处决"。这其中有 n 种情况是丙会被赦免,$\frac{n}{2}$ 种情况是甲会被赦免。丙的幸免概率要比甲高一倍,因而甲和丙的幸免概率分别是 $\frac{1}{3}$ 和 $\frac{2}{3}$……

通用分析公司亚利桑那州办事处的小福特(Lester R. Ford, Jr.)和沃克(David N. Walker)认为,典狱长受到了无端诽谤。

先生们：

我们是站在典狱长的立场上写此信的。他是吃政治饭的人,因此为了保全自己,不愿意卷入是非。

您以诋毁的口吻把他描述为:"典狱长不懂概率论……"我认为这非常不公平。您不仅错了(并且可能是故意中伤),而且我可以向您保证,典狱长多年来的业余爱好就是数学,尤其对概率论精到了家。他作出决定回答囚犯甲的问题与州长给他的指示毫不背逆,因为这是从人道主义角度考虑,让一个行将走向另一个世界的人在最后那段时光中过得高兴点(因为我们现在知道,被赦免的人是丙)。

典狱长唯有一点该受批评(他为此早已被州长剋了一顿),那就是他未能阻止甲与丙交流,因而使丙更准确地推断出了**自己**的幸免概率。这也没什么要紧的,因为丙没有适当的场合真正使用这则信息。

如果你不刊登公告收回成言并公开道歉的话,我们只有被迫停止订阅大作了。

第 10 章

神秘的矩阵博士

研究数字神秘意义的学科——术数（numerology）——有着悠久而复杂的历史,包括古希伯来的犹太教神秘哲学家①、希腊的毕达哥拉斯学派、(埃及)亚历山大的菲洛②、诺斯替教派③、众多杰出的神学家,以及在20世纪20—30年代(用适当的"心灵感应"法)给未来影星设计艺名而出尽风头的好莱坞术数家。我必须承认,自己一直认为这段历史相当枯燥乏味。因而,当一位朋友建议我与纽约一位自称矩阵博士的术数家联系的时候,我丝毫没有什么兴趣可言。

"可你会发现他很有意思,"朋友极力鼓动道。"他自认为是毕达哥拉斯转世,而且他似乎真的懂点数学。比方说,他给我指出过,1960年肯定是一个非同寻常的年份,因为1960可以表示为两个平方数(14^2和42^2)之和,而

---

① 犹太教神秘哲学是犹太教思想中一种对上帝和宇宙作神秘解释的哲学传统,起源于犹太教创立初期。该哲学探究上帝及天使的本性、人类与上帝的关系,并认为犹太教圣经(即《旧约全书》)、犹太律法和仪式中还隐藏着神谕。——译者注

② 菲洛(Philo Judaeus,公元前30?—公元50?),古犹太哲学家,提出神秘主义的"逻各斯"学说,该学说对基督教思想的形成有很大影响。——译者注

③ 亦称"灵智派"、"神知派",1—6世纪流行于地中海东部沿岸地区的一种秘传宗教。认为物质和肉体都是罪恶的,只有领悟神秘的"诺斯"(希腊语,意为"真知")的人才能使灵魂得救。——译者注

且14和42都是7这个神秘数字的倍数。"

我拿起铅笔和纸做了快速验算。"以柏拉图的名义发誓,一点没错!"我喊道,"跟他谈谈这个也许值得。"

我打电话要求约见,几天后一位乌发杏眼的漂亮女秘书把我带进了博士的里间书房。在长长的写字台后的那面墙上挂着从1到10十个大大的数字,金光闪闪的。它们排列成三角形点阵,如同常见的保龄球瓶那样。不过,古代毕达哥拉斯学派的信徒们都带有几分敬畏地把它看作"神圣的四层金字塔"①。桌子上一只巨大的十二面体上有一部日历,每一个面都与新年的一个月份相对应。轻柔的风琴曲从一个隐蔽的音箱里缓缓飘出。

矩阵博士掀开边门的帘子走了进来。他挺俊而瘦弱,高高的鼻梁,目光炯炯有神。他示意我在椅子上坐下。"我知道你是给《科学美国人》撰稿的,"他诡秘地笑了笑说,"还知道你是来探听我的方法的,而不是来给自己算命的。"

"正是如此,"我说。

博士按了按侧墙上的一个按钮,一块木质嵌板轻轻滑开,露出一块小黑板。黑板上面有粉笔写的字母表,Z与A相接围成一圈(见图10.1)。"这样吧,"他说,"我先解释一下为什么1960对你的刊物来说很可能是个好年份。"他用铅笔头从A开始沿着圆圈敲点着字母,一直数到19。第19个字母是S。他继续沿着圆圈往下数,以T为1,一直数到60,落在A上。他指出,S和A正是 Scientific American(《科学美国人》)的首字母。

"这没什么稀奇的,"我说。"这样的巧合有成千上万个,只要你稍稍动点儿脑筋,找到至少一个的概率是极大的。"

---

① 原文为"holy tetractys",其中tetractys一词尚无定译,意思是第四个三角形数,即10=1+2+3+4。但这里是指阵列 ⋰,权且译作"四层金字塔"。——译者注

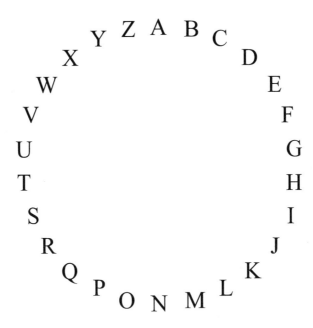

图10.1　矩阵博士的圆圈字母表

　　"我明白,"矩阵博士说,"但事情并没有这么简单,你也别太自信。这种巧合出现的概率,远远超出了概率论能够解释的范围。数这玩意儿,你知道,有自己神秘的生命。"他挥手指了指墙上金色的数字。"当然那些不是数啦。它们只不过是数的符号而已。德国数学家克罗内克①说过,'上帝创造了整数,其他都是人类自己创造的',难道不是吗?"

　　"我很难赞成这种观点,"我说。"不过,咱们还是别把时间浪费在玄学上。"

　　"一点不错,"他一边回答一边在自己桌前坐下。"我给你举几个术数分析的例子吧,也许你的读者会感兴趣。你可能听说过莎士比亚(Shake-

---

　　① 克罗内克(Leopold Kronecker, 1823—1891),德国数学家,在数论、代数、代数函数论、数学基础等方面颇有贡献。——译者注

spear)① 曾经秘密参与了詹姆士国王钦定版《圣经》的部分翻译工作吧?"

我摇了摇头。

"对一名术数家来说,这种说法没有任何疑问。如果翻到《诗篇》②第46篇,你会发现第46个单词正是shake。从同一篇圣歌的末尾开始倒数,第46个单词(篇末最后一个词selah不属于圣歌)就是spear。"

"为什么是46呢?"我微笑着问。

"那是因为,"矩阵博士说,"詹姆士国王钦定版1610年完成之时,莎士比亚正好46岁。"

"有道理,"我匆匆记了几笔。"还有呢?"

"多了,简直是成千上万,"矩阵博士说。"看一看瓦格纳③与13的缘分吧。他的姓名里有13个字母。他生于1813年。该年份的四个数字之和是13。他创作了13部伟大的音乐作品。他最杰出的作品《汤豪塞》(Tannhäuser)完成于1845年4月13日,首演于1861年3月13日。他于1882年1月13日完成《帕西法尔》(Parsifal)的创作。《女武神》(Die Walküre)于1870年6月26日首演,而26是13的两倍。《罗恩格林》(Lohengrin)创作于1848年,但瓦格纳直到1861年才听到它的演出,相隔整整13年。他于1883年2月13日去世。注意,这一年的首尾两个数字也组成了13。瓦格纳一生中有很多重要的13,这些仅仅是一部分而已。"

矩阵博士等我把这些都记下来,然后接着说。"重大日期的出现从来都

---

① 更常见的拼写是Shakespeare。——译者注

② 《旧约全书》中的一卷,是圣歌或供咏唱的圣诗的汇编。——译者注

③ 瓦格纳(Richard Wagner, 1813—1883),德国作曲家、剧作家。对歌剧作了大胆的改革。——译者注

不是偶然的。原子时代始于1942年,即费米①及其同事首次成功获得了链式核反应的那一年。也许你读过劳拉·费米(Laura Fermi)为她丈夫写的传记中记述的康普顿②打电话报告科南特③这一消息时的情形吧。康普顿的第一句评论是:'意大利航海家到达新大陆。'你想到过没,如果把1942的中间两位数字调换位置,就变成1492,那可是意大利航海家哥伦布发现美洲大陆的年份啊!"

"没有,"我答道。

"德皇威廉一世④的一生用术数观点来看才有意思呢,"他接着说道。"1849年他镇压了德国社会主义革命。这个年份的各位数字之和是22。1849加22等于1871,这是威廉登基当皇帝的年份。用同样方法运算1871可得1888⑤,这又是他去世的年份。再次用同样方法运算1888可得1913,就是让他的帝国崩溃的第一次世界大战前的最后一个和平年。非同寻常的日期在所有名人的一生中经常出现。宗教情景画大师拉斐尔⑥生于4月6日,卒于4月6日,这两个日子都是耶稣受难节⑦,这难道是巧合吗? 为什

---

① 费米(Enrico Fermi,1901—1954),美籍意大利物理学家,1938年诺贝尔物理学奖获得者。——译者注

② 康普顿(Arthur Compton,1892—1962),美国物理学家,1927年诺贝尔物理学奖获得者之一。——译者注

③ 科南特(James Conant,1893—1978),美国教育家,曾任哈佛大学校长、美国科学协进会会长等职。第二次世界大战期间,是组织美国科学家为战争服务的一位中心人物。——译者注

④ 威廉一世(Kaiser Wilhelm I,1797—1888),普鲁士国王,德意志帝国皇帝。曾镇压人民起义,在普奥战争、普法战争中获胜,进而统一德意志。——译者注

⑤ 1871的各位数字之和是17,1871加17等于1888。——译者注

⑥ 拉斐尔(Raphael,1483—1520),意大利文艺复兴时期画家、建筑师。——译者注

⑦ 基督教节日。据《圣经》,耶稣在十字架上受难后于第三天复活。基督教定春分月圆后第一个星期天为复活节。此前第三天(星期五)即耶稣受难节。——译者注

么进化论对约翰·杜威①和柏格森②两位哲学家那么重要呢？因为两人都生于达尔文的《物种起源》(*Origin of Species*)出版的1859年。霍迪尼③这位酷爱神秘的人物死于万圣节前夕的10月31日④，难道你以为是偶然的吗？"

"也许是吧，"我低声说道。

博士使劲摇了摇头。"在图书馆的杜威⑤十进分类检索系统里，数论图书的分类号是512.81。你一定认为这纯属偶然了。"

"难道有什么特别的吗？"

"512是2的9次方，而81是9的2次方。但其中奥妙远不止这些。首先，11加2减1等于12。我给你演示这个系统用字母表示出来是怎么回事。"他走近黑板，用粉笔写上ELEVEN(11)这个词。再加上TWO(2)，就成了ELEVENTWO，然后擦掉字母ONE(1)，就剩下ELEVTW。"重新排列这六个字母，"他说，"就拼成了TWELVE(12)。"

我用手帕擦了擦额头上的汗。"你对666有什么高见？"我问道，"就是那个所谓的'兽数'(《启示录》第13章第18节)⑥。我最近看到一本《我们的时代及其意义》(*Our Times and Their Meaning*)，是一位名叫海恩斯(Carlyle

---

① 约翰·杜威(John Dewey，1859—1952)，美国哲学家、社会学家、教育学家、实用主义芝加哥学派创始人。——译者注

② 柏格森(Henri Bergson，1859—1941)，法国哲学家，生命哲学与直觉主义的主要代表之一。——译者注

③ 霍迪尼(Houdini，1874—1926)，美国著名魔术家。——译者注

④ 基督教定11月1日为万圣节，以纪念一切有名或无名的圣徒。万圣节前夕即10月31日。——译者注

⑤ 梅尔维尔·杜威(Melvil Dewey，1851—1931)，美国图书馆学家。——译者注

⑥《启示录》是《新约全书》的末卷，这一节的译文是："在这里有智慧。凡有聪明的，可以计算兽的数目，因为这是人的数目，它的数目是六百六十六。"——译者注

B. Haynes)的基督复临安息日会教友写的。他把数字与罗马天主教会联系了起来,方法是把教皇的拉丁文头衔——VICARIUS FILII DEI中的所有罗马数字加起来,刚好等于666。"(V = 5, I = 1, C = 100, I = 1, U = 5, I = 1, L = 50, I = 1, I = 1, D = 500, I = 1。U被看作V,因为早期就是这么写的。)

"关于666我可以谈上好几个小时,"博士重重地叹息了一声说道。"兽数的这个特殊用法由来已久。当然,高明的术数家可以在任何一个名字里找到666。实际上,如果你把白艾伦(ELLEN GOULD WHITE)这位创立了基督复临安息日会的女先知姓名中的罗马数字加起来,并且把W当作双U(W的英语名称意思即是'双U')或者双V,它照样等于666。(L = 50, L = 50, U = 5, L = 50, D = 500, W = 10, I = 1。)托尔斯泰的《战争与和平》(第3卷第1部第19章)中有一个很不错的从L'EMPEREUR NAPOLEON(拿破仑皇帝)推出666的方法①。格莱斯顿②就任英国首相时,一位政敌将GLADSTONE写成希腊文,再把其中的希腊数字相加得出了666③。如果采用一种熟悉的编码,其中A等于100,B等于101,C等于102,依此类推,那么把HITLER(希特勒)的字母相加也不多不少等于666。"

"我觉得那是数学家贝尔④吧,"我说道,"是他发现了666正好是从1到

---

① 这种方法是,将字母A,B,…,I分别对应于1,2,…,9,而K,L,…,Z分别对应于10,20,…,160(当时法文字母中没有J),即可使该名称的各字母对应数字之和为666。不过,托尔斯泰在接下来的描写中,对此似有嘲讽之意。——译者注

② 格莱斯顿(William Gladstone,1809—1898),英国首相(1868—1874,1880—1885,1886,1892—1894),自由党领袖。——译者注

③ 方法可能是G=Ϛ=6,L=λ=30,A=α=1,D=δ=4,S=σ=200,T=τ=300,O=o=70,N=ν=50,E=ε=5。其中Ϛ是古希腊字母,早已不用。——译者注

④ 贝尔(Eric Temple Bell,1883—1960),数学家。生于苏格兰,卒于美国。对数值函数、解析数论、多周期函数和丢番图分析等均有贡献。——译者注

36的所有整数之和,那些是赌盘上的数字。"

"没错,"矩阵博士说。"如果你把前六个罗马数字从右到左排列起来,就会得到这个。"他把DCLXVI(即666)写在黑板上。

"这到底是什么意思呢?"我问道。

矩阵博士沉默了一会儿。"其真正意义只有少数圈内人士知道,"他表情严肃地说道。"恐怕我现在还不能公开。"

"你愿意谈谈即将举行的总统大选么?"我问道。"比如说,到底是尼克松还是洛克菲勒会得到共和党的提名?"

"那是另一个我不想回答的问题,"他说,"不过,我倒是愿意提醒你注意这两个人的离奇对应。洛克菲勒的名Nelson,首尾字母都是N,其姓Rockefeller的首尾字母是R。尼克松的姓名也是这个模式,只不过字母位置相反。他的名Richard的首字母是R,尾字母差点就是R;其姓Nixon的首尾字母都是N。你知道尼克松的出生时间和地点吗?"

"不知道,"我说。

"1913年1月,加利福尼亚州的约巴林达(Yorba Linda, Cali-fornia)。"矩阵博士转身在黑板上写出日期1-1913。各位数字相加等于15。他又在圆圈字母表上圈出Y、L、C三个字母,即尼克松出生地的首字母缩写,然后分别从每个字母开始顺时针数到第十五个字母,就得出了N、A、R,正是洛克菲勒全名Nelson Aldrich Rockefeller的首字母缩写!"当然,"他继续说道,"这两个人里,洛克菲勒被选上的可能性大一些。"

"什么道理?"

"他的姓名中有个双字母。你看,20世纪里有个数字2,本世纪的每一位总统的姓名里都必须有一个双字母,如罗斯福(Roosevelt)中的OO和杜鲁门(Harry Truman)中的RR。"

"可艾克①的姓名里没有双字母啊,"我说。

"到目前为止,艾森豪威尔是唯一的例外。但我们不要忘了,与他两度角逐总统宝座的都是斯蒂文森②,而斯蒂文森的姓名里也没有双字母。艾克的首字母缩写D.D.足以让他占了上风。"

我瞥了一眼黑板。"那个圆圈字母表还有别的用处么?"

"用处多了,"他回答道。"我给你讲一个最近的例子。前几天布鲁克林区的一个年轻人来见我。他已金盆洗手,与一个流氓团伙分道扬镳,他认为应该逃离那个城市,以躲避团伙成员的报复。他想知道我能否用术数告诉他该去哪里。我让他相信,他没有地方可躲,方法是选取ABJURER(背弃誓言的人)这个词,把其中每一个字母用这个圆圈字母表中正对面的字母替换掉。"

矩阵博士在黑板上用粉笔画线,由A到N,由B到O,依此类推。新组成的词是NOWHERE(无处可去)。"如果你认为这是巧合,"他说,"那么试试字母更少的词。用这种技巧,从一个七字母词出发找出另一个词的机会如大海捞针。"

我不安地看了看手表。"我走之前,你能否给我一两道术数题目,好让我的读者去解?"

"当然愿意了,"他说道。"这里有一道不算难的。"他在我的笔记本上写下:OTTFFSSENT。

"这些字母的排列有什么规律呢?"他问道。"这是我给新毕达哥拉斯主

---

① 艾克是美国人对艾森豪威尔(Dwight David Eisenhower,1890—1969)的昵称。他是美国第34任总统,共和党人,五星上将,二战时欧洲盟军最高司令。——译者注

② 斯蒂文森(Adlai Ewing Stevenson,1900—1965),美国政治家。1952、1956年两次作为民主党候选人参加总统竞选,均败于艾森豪威尔。——译者注

义的入门弟子出的一道题目。注意,这些字母的个数与Pythagoras(毕达哥拉斯)这个名字的字母个数相同。"

在这些字母下面他又写道:

$$
\begin{array}{r}
\text{FORTY} \\
\text{TEN} \\
+\ \text{TEN} \\
\hline
\text{SIXTY}
\end{array}
$$

"在这个加法算式里,每个字母代表一个不同的数字,"他解释道。"只有一个解答,但要找到它却要费点脑筋。"

我把铅笔和纸装进口袋,站起身来。风琴曲仍在房间内荡漾。"那是巴赫①的唱片么?"我问道。

"是啊,"博士边送我朝门口走边说。"巴赫对我们这门科学造诣很深。你读过伯恩斯坦②的《音乐欣赏》(*Joy of Music*)吗?其中有一段是讲巴赫的术数研究的,很有意思。他知道把BACH的各字母赋值(把A当1,把B当2,依此类推)以后加起来的和是14。这是神圣的数字7的倍数。他也知道使用一种老式德文字母表,把他的全名的值相加,和为41③。它是14的逆序数,而且若把1也看作是素数的话,这也是第14个素数。你听到的这首曲子《我行至你的宝座前》(*Vor deinen Thron tret' ich allhier*)是一首赞美诗,其音乐形式采用了这种14-41格局。第一个乐句有14个音符,而全曲有41

---

① 巴赫(Johann Sebastian Bach,1685—1750),德国作曲家。其复调音乐(赋格曲)对后世音乐发展有深远影响。——译者注

② 伯恩斯坦(Leonard Bernstein,1918—1990),美国指挥家、作曲家。1969年起为纽约爱乐乐团终身桂冠指挥。——译者注

③ 这里的全名指 J. S. Bach,而那种老式的德文字母表只有25个字母,I和J是同一个字母。这样,J就等于9,S就等于18。——译者注

个音符。和谐至极,难道你不这样认为吗?如果现代作曲家愿意学一点儿术数,他们的作品就会跟这首乐曲一样接近天体音乐[①]了!"

我有点儿头晕目眩地离开了他的办公室;恍惚之中走出去的时候,竟差点没有注意到博士的那位女秘书:她有1个高翘的鼻梁,2只明亮的眼睛和1副婀娜的迷人身材。

补　遗

1960年的总统大选戏剧性地证明了矩阵博士有关双字母法则的说法。在有可能获得民主党提名的竞争者中,只有肯尼迪[②]的姓名里有双字母,因此他不但成功获得提名,而且在大选中获胜。

矩阵博士指出,费米在1942年首次成功获得链式核反应,而且把94调换位置,就是另一个意大利人做出重大发现的1492年。加州大学伯克利分校放射实验室的物理学家阿尔瓦雷斯(Luis W. Alvarez)把这个分析提升到了新的术数高度。他的来信刊登在1960年4月的《科学美国人》上:

[①] 古希腊先哲毕达哥拉斯与柏拉图认为,音乐与天文学密切相关,乐音和节奏体系必然体现天体之和谐,并同宇宙相对应。而天体音乐是行星运转而产生的音乐,凡人是听不到的。——译者注

[②] 肯尼迪(John Fitzgerald Kennedy,1917—1963),美国第35任总统。——译者注

先生们：

　　我很高兴地拜读了马丁·加德纳访问矩阵博士的记述。博士在谈到首次链式核反应时,他的思路确实是对的。不过,因为他没有参与曼哈顿计划,所以漏掉了其结论中的一些重要证明。他应该知道,在二战期间建立这个反应堆的唯一原因就是要生产元素周期表上的第94号元素——钚。因为没有参与曼哈顿计划的机密许可,矩阵博士遗漏了一个重要事实,即二战期间给钚指派的代码一直是49。如果这位帅博士知道这个事实,他就会指出,第94号元素是在加利福尼亚这个49号项目基地发现的。

　　由于对新理论的真正检验在于其能够预测提出该理论的人所不能预见的新的关系,因此你让我确信,术数在此仍大有用武之地。

答　案

字母串 OTTFFSSENT 是自 1 到 10 的数字英语名称的首字母。

矩阵博士提出的加法问题源于纽约的一位高中数学教师韦恩(Alan Wayne),该题首次刊登在《美国数学月刊》(1947 年 7—8 月,第 413 页)上。在介绍这道问题的时候,该刊的题目专栏编辑指出,一个"密码算式"(cryptarithm)要被认为是"有魅力的",就应该有下列四个特征:

1. 这些字母串应该是有意义的单词或词组。

2. 应该用到从 0 到 9 的所有数字。

3. 解答必须是唯一的。

4. 应该能用逻辑推理,而不是用繁琐而毫无把握的反复试验来解决。

韦恩的密码算式具备以上所有四个特征。其唯一的解答是:

$$
\begin{array}{r}
29\,786 \\
850 \\
+\quad 850 \\
\hline
31\,486
\end{array}
$$

注意这个和与精确到四位小数的圆周率 π 仅有一个数字不同。

对那些想知道如何着手解一个密码算式的读者,我援引一封旧金山的德恩汉姆(Monte Dernham)的来信,他提供了韦恩这道题目的最佳分析方法:

第一、第四行重复出现的TY,使得N必定为0,E必定为5,于是要向百位进1。每个TEN前有两个空位,这需要FORTY中的O等于9,并从百位上进2。这样的话,I就代表11中的个位数1,而F加1则等于S。现在还剩下2、3、4、6、7、8没有指定。

由于百位上的那一列(即R加2T加1)必须大于或等于22,那么T和R都必须大于5才行。这就把F和S都归入2、3、4。X不会等于3,要不,F和S就不会成为相邻整数。于是X等于2或4,马上可以发现,如果T小于或等于7的话,X不可能等于2或4。因此T等于8,R等于7,X等于4。于是F等于2,S等于3,剩下的字母Y就等于6了。

进阶读物

趣 味 逻 辑

101 Puzzles in Thought and Logic. Clarence Raymond Wylie, Jr. Dover Publications, Inc., 1957.

Question Time. Hubert Phillips. Farrar and Rinehart, Inc., 1938.

"Eddington's Probability Paradox." H. Wallis Chapman in *The Mathematical Gazette,* Vol. 20, No. 241, pages 298–308, December 1936.

An Experiment in Symbolic Logic on the IBM 704. John G. Kemeny. Rand Corporation Report P–966, September 7, 1956. Kemeny explains how the computer was programed to solve the Lewis Carroll problem. This problem does not appear in Carroll's published writings, but may be found in John Cook Wilson's *Statement and Inference,* Vol. 2, page 638, Oxford University Press, 1926. Wilson does not give the answer. The problem was first solved by L. J. Russell, using short-cut techniques of symbolic logic. See his article, "A Problem of Lewis Carroll," *Mind,* Vol. 60, No. 239, pages 394–396, July 1951.

幻　方

"Melencolia I." Erwin Panofsky in *Albrecht Dürer,* Vol. I, pages 156–171. Princeton University Press, 1943.

"The Algebraic Theory of Diabolic Magic Squares." Barkley Rosser and R. J. Walker in *Duke Mathematical Journal,* Vol. 5, No. 4, pages 705–728, December 1939.

"Magic Lines in Magic Squares." Claude Bragdon in *The Frozen Fountain,* pages 74–85. Alfred A. Knopf, Inc., 1932.

Magic Squares and Cubes. W. S. Andrews. The Open Court Publishing Company, 1917. Reprinted by Dover Publications, Inc., in 1960.

"On the Transformation Group for Diabolic Magic Squares of Order Four." Barkley Rosser and R. J. Walker in *Bulletin of the American Mathematical Socie-ty,* Vol. 44, No. 6, pages 416–420, June 1938.

詹姆斯·休·赖利演出公司

"Generalized 'Sandwich' Theorems." A. H. Stone and J. W. Tukey in *Duke Mathematical Journal,* Vol. 9, No. 2, pages 356–359, June 1942.

依洛西斯归纳游戏

Experience and Prediction. Hans Reichenbach. University of Chicago Press, 1938.

The Meaning of Truth. A Sequel to "Pragmatism." William James. Longmans, Green and Company, 1909.

A History of Western Philosophy. Bertrand Russell. Simon and Schuster, Inc., pages 819–827, 1945.

折 纸 艺 术

Paper Magic: The Art of Paper Folding. Robert Harbin. Oldbourne Press, 1956.

Fun with Paper Folding. William D. Murray and Francis J. Rigney. Revell, 1928. Reprinted by Dover Publications, Inc., 1960, and retitled *Paper Folding for Beginners.*

Paper Toy Making. Margaret W. Campbell. Pitman, 1937.

Fun-Time Paper Folding. Elinor Massoglia. Children's Press, 1959.

How to Make Origami. Isao Honda. McDowell, Obolensky, 1959.

Plane Geometry and Fancy Figures: An Exhibition of the Art and Technique of Paper Folding. Introduction by Edward Kallop. Cooper Union Museum, 1959.

Geometrical Exercises in Paper Folding. T. Sundara Row. Madras, 1893. The fourth revised edition was reissued in 1958 by The Open Court Publishing Co., La Salle, Illinois.

Paper Folding for the Mathematics Class. Donovan A. Johnson. National Council of Teachers of Mathematics, 1957.

"The Art of Paper Folding in Japan." Frederick Starr in *Japan*, October 1922.

Bibliography of Paper Folding. Gershon Legman. Privately printed in England, 1952. This is the most extensive bibliography to date; by a former New Yorker now living in France. Part of the bibliography is reprinted in Harbin's book, cited above. A note at the end of Legman's eight-page pamphlet states that it is reprinted from *The Journal of Occasional Bibliography*, but this is just a bibliographic joke.

化 方 为 方

"Beispiel Einer Zerlegung des Quadrats in Lauter Verschiedene Quadrate." R. Sprague in *Mathematische Zeitschrift*, Vol. 45, pages 607–608, 1939.

"A Class of Self-Dual Maps." C. A. B. Smith and W. T. Tutte in *Canadian Journal of Mathematics*, Vol. 2, pages 179–196, 1950.

"On the construction of Simple Perfect Squared Squares." C. J. Bouwkamp in *Koninklijke Nederlandsche Akademie van Wetenschappen, Proceedings*, Vol. 50, pages 1296–1299, 1947.

"The Dissection of Rectangles into Squares." R. L. Brooks, C. A. B. Smith, A. H. Stone and W. T. Tutte in *Duke Mathematical Journal*, Vol. 7, pages 312–340, 1940.

"On the Dissection of Rectangles into Squares (I–III)." C. J. Bouwkamp in *Koninklijke Nederlandsche Akademie van Wetenschappen, Proceedings*, Vol. 49, pages 1176–1188, 1946, and Vol. 50, pages 58–78, 1947.

"A Note on Some Perfect Squared Squares." T. H. Willcocks in *Canadian Journal of Mathematics*, Vol. 3, pages 304–308, 1951.

"Question E401 and Solution." A. H. Stone in *American Mathematical Monthly*, Vol. 47, pages 570–572, 1940.

"A Simple Perfect Square." R. L. Brooks, C. A. B. Smith, A. H. Stone and W. T. Tutte in *Koninklijke Nederlandsche Akademie van Wetenschappen, Proceedings*, Vol. 50, pages 1300–1301, 1947.

"Squaring the Square." W. T. Tutte in *Canadian Journal of Mathematics*, Vol. 2, pages 197–209, 1950.

Catalog of Simple Squared Rectangles of Orders Nine Through Fourteen and

Their Elements. C. J. Bouwkamp, A. J. W. Duijvestijn and P. Medema. Department of Mathematics, Technische Hogeschool, Eindhoven, Netherlands, 1960.

"The Dissection of Equilateral Triangles into Equilateral Triangles." W. T. Tutte in the Proceedings of The Cambridge Philosophical Society, Vol. 44, pages 464–482, 1948.

器具型趣题

100 Puzzles: How to Make and How to Solve Them. Anthony S. Filipiak. A. S. Barnes and Company, 1942.

Puzzles Old and New. Professor Hoffmann (pseudonym of Angelo Lewis). Frederick Warne and Company, 1893. Contains pictures and descriptions of almost all the mechanical puzzles sold in England during the author's time.

Miscellaneous Puzzles. A. Duncan stubbs. Frederick Warne and Company, 1931. Includes many unusual mechanical puzzles that can be constructed by the reader.

"A Theorem on the Tangram." Fu Traing Wang and Chuan-Chih Hsiung in *The American Mathematical Monthy*, Vol. 49, No. 9, pages 596–599, November 1942.

"Making and Solving Puzzles." Jerry Slocum in *Science and Mechanics*, pages 121–126, October 1955.

"A Puzzling Collection." Martin Gardner in *Hobbies*, page 8, September 1934.

概率与歧义

Choice and Chance. William Allen Whitworth. Hafner Publishing Co., 1951.

An Introduction to Probability Theory and Its Applications. William Feller, John Wiley & Sons, Inc., 1957.

"What Are the Chances?" Eugene P. Northrop in *Riddles in Mathematics*, pages 166–195. D. Van Nostrand Company, Inc., 1944.

"Probability Theory." John G. Kemeny, J. Laurie Snell and Gerald L. Thompson in *Introduction to Finite Mathematics*, Chapter 4. Prentice-Hall, Inc., 1957.

神秘的矩阵博士

Medieval Number Symbolism, Its Sources, Meaning and Influence on Thought and Expression. Vincent Foster Hopper. Columbia University Press, 1938.

"The Number of the Beast." Augustus De Morgan in *A Budget of Paradoxes*, Vol. 2, pages 218–240. Dover Publications, Inc., 1954.

Numerology. E. T. Bell. The Williams & Wilkins Company, 1933.

"Numerology: Old and New." Joseph Jastrow in *Wish and Wisdom*. D. Appleton-Century Company, 1935.

How to Apply Numerology. James Leigh. Bazaar, Exchange and Mart, Ltd., London, 1959. A pro-numerology book by the first editor of a British occult magazine, *Prediction*.

附　记

亨利·杜德尼去世后出版的两本著作《趣题与妙题》和《现代趣题》现在已合印在 1967 年我为 Scribner 出版公司编辑的《536 道趣题与妙题》（*536 Puzzles and Curious Problems*）一书中。第二年我又为这家公司编辑了绝版已久的杜德尼的词汇趣题书。

专门研究海恩的著名索玛立方块及其他多立方块趣题的另一个专栏的文章重印于我的《缠结的炸面饼圈及其他数学娱乐》（*Knotted Doughnuts and Other Mathematical Entertainments*, Freeman, 1986）一书中。关于幻方和幻立方的最新研究成果出现在多佛的两本初版平装本上，书名分别为《幻方的新消遣》（*New Recreations with Magic Squares*, 1976）和《幻立方》（*Magic Cubes*, 1981），两书均为本森（William H. Benson）和雅各比（Oswald Jacoby）合著。

依洛西斯这种纸牌归纳游戏得到了改进。新的依洛西斯游戏成了我的《科学美国人》专栏 1977 年 10 月的主题。自从我在那里用一个章节介绍了日本折纸术后，公众对它的热情持续高涨，成百种有关这门艺术的书籍在世界各地出版。

在化方为方问题上的最重大发现是确定了简单完美方化

正方形的最低阶数,它是21。你可以在1978年的《组合理论杂志》(*The Journal of Combinatorial Theory*)第35B卷第260—263页及1978年6月的《科学美国人》杂志第86—87页上找到有关细节。

对找出边长比为2:1的简单完美矩形问题的第一个解答刊登于1970年的《组合理论杂志》第8卷第232—243页,作者是布鲁克斯(R. L. Brooks)。这个矩形包含了1323个正方形。在同期的第244—246页上还发表了费德里科(P. J. Federico)给出的23阶、24阶和25阶完美正方形的例子。费德里科关于"方化矩形与方化正方形"问题的杰出研究过程可参见由邦迪(J. A. Bondy)和默蒂(V. K. Murty)主编的《图论及有关论题》(*Graph Theory and Related Topics*,Academic Press,1979)。该书的参考书目列了73条。

加州贝弗利山的斯洛克姆(Jerry Slocum)近年来成了美国最大的器具型趣题收藏者,他也是这方面的专家。他的藏品多得需要专门建一幢房子来存放。斯洛克姆与博特曼斯(Jack Botermans)合著的《新老趣题》(*Puzzles Old and New*)于1986年出版,这是一本不错的介绍器具型趣题的书,可在西雅图的华盛顿大学出版社买到。

关于七巧板的更多内容可参见我的1974年8月和9月的《科学美国人》杂志专栏,在随后几期的专栏里还有有关的更正和注释。我还将在即将完成的作品集《时间之旅及其他数学困惑》(*Time Travel and Other Mathematical Bewilderments*,Freeman,1987)中对此作进一步的扩展。

最后要说的是,1980年一个苏联克格勃特工造成了矩阵博士的悲惨死亡,事实大白于天下后,我所有那些关于他的后继专栏也随之终止了。这些专栏文章都收录在《矩阵博士的魔法数》(*The Magic Numbers of Dr. Matrix*,Prometheus Books,1985)一书中。

The Second **Scientific American** Book of
Mathematical Puzzles and Diversions
By
Martin Gardner
Copyright © 1961, 1987 by Martin Gardner
Simplified Chinese edition Copyright © 2020 by
Shanghai Scientific & Technological Education Publishing House
This edition arranged with Peter Renz through Big Apple
Tuttle-Mori Agency, Labuan, Malaysia.
ALL RIGHTS RESERVED
上海科技教育出版社业经Big Apple Agency协助
取得本书中文简体字版版权

责任编辑 卢 源
封面设计 戚亮轩

马丁·加德纳数学游戏全集
幻方与折纸艺术
【美】马丁·加德纳 著
封宗信 译

上海科技教育出版社有限公司出版发行
(上海市闵行区号景路159弄A座8楼 邮政编码201101)
www.sste.com www.ewen.co
各地新华书店经销 常熟市华顺印刷有限公司印刷
ISBN 978-7-5428-7243-2/O·1110
图字09-2007-724号

开本720×1000 1/16 印张10.5
2020年7月第1版 2024年7月第5次印刷
定价:36.00元